Thomas Flink

Die 6 Rollen der idealen Führungskraft

Mit den bewährten Leadership Powermethoden aus dem Modern Leading zur erfolgreichen Führungskraft und Mitarbeiterführung mit System (inkl. Workbook & Übungen)

INHALT

1. Vorwort

Wenn Sie den Titel des Buches zuerst einmal separat betrachten, werden Sie jetzt vermutlich erwarten, dass Ihnen auf den folgenden Seiten der personelle Aufbau von Führungskräften innerhalb der hierarchischen Struktur eines Unternehmens erläutert werden soll. Aber genau das soll nicht zum Inhalt dieses Buches werden, zumal dies auch mit einer kleinen, nachfolgenden Zeichnung relativ schnell dargestellt werden kann.

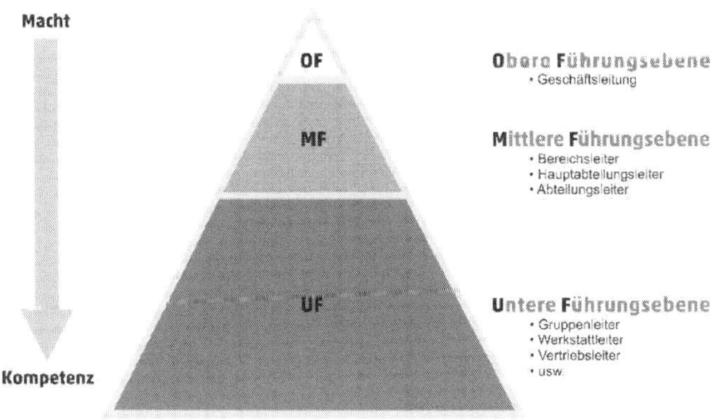

Aus dieser Zeichnung können Sie zwar die „Ebenen“ des Managements erkennen, aber nicht die Besonderheiten einer produktiven Mitarbeiterführung, die zwangsläufig dazu gehören. Genau darauf soll sich der Inhalt dieses Buches beziehen!

Leider verwendet man heutzutage immer wieder gleichbedeutend den Begriff ›Führung‹ mit dem Begriff ›Management‹ und setzt daher auch voraus, dass die Führung von Mitarbeitern ausschließlich nach diesem hierarchischen Schaubild umgesetzt wird. Allerdings entspricht eine hohe hierarchische Stellung in einem Unternehmen nicht automatisch einer gleich hohen Fähigkeit, Mitarbeiter zu führen. Grundsätzlich gilt ...

... Führung muss man nicht nur leben!

... Führung muss man verstehen!

... Führung muss man lernen!

Für das **Lernen** steht Ihnen eine Vielzahl von Hilfsmitteln bzw. Methoden zur Verfügung. In den nachfolgenden Kapiteln werden Ihnen einige davon vorgestellt, teilweise auch mit Übungen. Grundsätzlich erwartet man von Ihrer professionellen Mitarbeiterführung, dass Sie, gleich welche hierarchische Stellung Sie einnehmen, überzeugend, **verständlich** und motiviert auftreten. Dies ist nicht einfach, da Sie stets in der Lage sein müssen, auf unterschiedlichste Situationen individuell zu reagieren. Dabei werden Sie gezwungen, teilweise mehrere Funktionen einer Mitarbeiterführung vorzu**leben**. Dazu zählen ....

1. ... der disziplinarische Vorgesetzte
2. ... der Mitunternehmer
3. ... der Fachmann / der Spezialist
4. ... der s (Moderator)
5. ... der Mitarbeiter-Coach / Trainer
6. ... der Personalentwickler

Die sechs Ebenen einer professionellen Mitarbeiterführung!

(Dazu aber später mehr im Kapitel 3.)

2. Management vs. Mitarbeiterführung

Wie bereits erwähnt, werden die Begriffe Management und Führung zwar synonym verwendet, dadurch aber auch verwechselt. Erkennbar ist dies allein schon daran, dass wenn von Führungskräften gesprochen wird, automatisch vorausgesetzt wird, dass es sich dabei um die Position eines Managers handeln muss. Folglich betrachtet man einen Manager ebenso automatisch auch als Führungskraft. Beides sind Funktionen, die in einem Unternehmen zwar hierarchisch bekleidet, aber nicht zwangsläufig in ihrer Rolle gemeinsam übernommen werden. Leicht zu erkennen ist diese Situation daran, dass hervorragende Manager nicht unbedingt hervorragende Führungskräfte sind. Gleichzeitig tragen aber die hervorragenden Führungskräfte zum großen Teil zum Erfolg eines Unternehmens bei.

2.1 DEFINITION VON MANAGEMENT

Das Management gehört zum operativen Geschäft eines Unternehmens. Unter dem operativen Geschäft versteht man die Strategien und Aktivitäten, die zu einem wirtschaftlichen Erfolg eines Unternehmens führen sollen. Um diesen Erfolg zu erzielen, werden von der Geschäftsleitung bzw. dem Management Vorgaben veranlasst, um das Unternehmen auf dem Markt positiv zu positionieren. Die Umsetzung und die Erfüllung dieser Vorgaben werden von der Geschäftsleitung bzw. dem Management anhand von wirtschaftlichen Zahlen, z. B. einer Unternehmensbilanz, regelmäßig überwacht und ggf. mit aktualisierten Vorgaben korrigiert.

FAZIT: Das Management übernimmt strategische Aufgaben.

2.2 DEFINITION VON FÜHRUNG

Bei der Mitarbeiterführung handelt es sich um die Hauptaufgabe einer Führungskraft, die als „Oberhaupt" eines Teams die Verantwortung dafür trägt, dass die Vorgaben des Managements nicht nur umgesetzt, sondern optimalerweise sogar gesteigert werden. Erreicht werden diese Ziele im Regelfall über die sechs Ebenen der Mitarbeiterführung.

FAZIT: Die Führung sichert die praktische Umsetzung der strategischen Aufgaben.

2.3 ZIELE DES MANAGEMENTS

Aus der strategischen Ausrichtung eines Unternehmens ergeben sich auch zwangsläufig die Aufgaben des Managements. Dazu zählen u. a.:

- Die Planung bzw. Budgetierung
- Das Erstellen von Zeitplänen für die Umsetzung
- Der Aufbau der Strukturen im Unternehmen
    - Ressourcen erkennen
    - Organisationen aufbauen
    - Notwendige Stellen besetzen
- Die Regeln und Prozessabläufe festlegen
- Das Controlling organisieren

2.4 ZIELE DER MITARBEITERFÜHRUNG

Die definierten Vorgaben der strategischen Ausrichtung des Unternehmens müssen zwangsläufig auch in die Praxis umgesetzt werden. Dies erfolgt durch die Führungskräfte und ihre Mitarbeiter. Neben einer ausgeprägten fachlichen Ausbildung sollten Führungskräfte auch über eine hohe soziale Kompetenz verfügen. Führungskräfte sind die Mitarbeiter, die mit einer professionellen Mitarbeiterführung zu dem Erfolg eines Unternehmens entscheidend beitragen. Mit einer professionellen Mitarbeiterführung sollte u. a. erreicht werden:

- Die Ziele des Unternehmens klar, deutlich und überzeugend zu beschreiben
- Die Mitarbeiter zusammenzuführen
- Möglicherweise einzelne Gruppen im Team aufzubauen
- Ein reibungsloses Zusammenspiel dieser Gruppen zu bewirken
- Genau definierte Produktionsziele darzustellen
- Das Engagement der Mitarbeiter zu fördern, z. B. durch

- Motivation
- Loyalität
- Inspiration
- Unterstützung

2.5 FEHLER INNERHALB DES MANAGEMENTS

Bereits im Management können Fehler gemacht werden, die mittel- und langfristig das Erreichen des Ziels einer Strategie verhindern. Die häufigsten Fehler sind:

1. Fehler: Die Mitarbeiter werden durch die Vorgaben der Strategie überfordert!

Möglicherweise ist das Knowhow der Mitarbeiter nicht ausreichend. Vielleicht stimmen aber nur die technischen Voraussetzungen oder das Zeitmanagement nicht.

2. Fehler: Das Management gibt zwar die Strategie vor, zieht sich aber aus der Kontrolle der Umsetzung komplett zurück!

Ein hervorragender Manager sieht sich nicht als Boss, sondern als Teil des Gesamten. Es schadet daher nie, sich ständig über den Stand der Umsetzung zu informieren, besser noch, sich direkt bei den Mitarbeitern und den Teams zu informieren. So verliert das Management nicht den Überblick über die Vorgaben.

3. Fehler: Das Management gibt nicht nur die Strategie vor, sondern übernimmt auch gleichzeitig die direkte Führung der Mitarbeiter!

Dies ist der häufigste Fehler innerhalb des Managements! Er zeigt den Führungskräften und den Mitarbeitern sehr deutlich an, dass ihnen gegenüber durch das Management kein Vertrauen gewährt wird. Dies wird aber unweigerlich zum Misserfolg führen. Das Management sollte nur dann direkt in die praktische Umsetzung der Strategie eingreifen, wenn es wirklich notwendig ist, z. B. wenn Terminvorgaben überschritten werden und dadurch Folgetermine nicht eingehalten werden können.

4. Fehler: Eigene Fehler innerhalb des Managements werden nicht eingestanden!

Kein Mensch ist frei von Fehlern! Auch kein Manager! Die Größe zeigt sich aber darin, persönliche Fehler unverblümt einzugestehen und nicht auf untergeordnete Führungskräfte abzuschieben. Insbesondere dann, wenn aus einem persönlichen Fehler ein Strategiewechsel erfolgen muss, kann ein klares Eingeständnis des Managers auch einen neuen Motivationsschub bei den Mitarbeitern bewirken.

5. Fehler: Die Mitarbeiter des Unternehmens werden nicht als Menschen, sondern eher als Erfüllungsgehilfen betrachtet!

Manager sollten niemals ihre besondere Machtposition gegenüber den Mitarbeitern zeigen. Macht ist das Gegenteil von Ohnmacht und „ohnmächtige" Mitarbeiter sind unmotiviert, gleichgültig und werden jede Strategie zum Scheitern bringen. Manager sollten Mitarbeiter auch niemals als Maschinen betrachten, sondern stets als Personen, die Anspruch auf Respekt haben.

2.6 FEHLER INNERHALB DER MITARBEITERFÜHRUNG

Eine gute, professionelle Mitarbeiterführung trägt grundsätzlich zum Erfolg eines Unternehmens bei. Deshalb ist auf diesen Aufgabenbereich ein großes Augenmerk seitens des Managements zu legen. Als Führungskräfte sollten daher nur geeignete Personen agieren.

1. Fehler: Es werden zu viele Kontrollen durchgeführt!

Kontrollen sind für Mitarbeiter grundsätzlich ein Zeichen für wenig Vertrauen in deren Arbeit. Natürlich muss eine Führungskraft die Entwicklung des Prozesses kontrollieren, allein schon deshalb, weil das Management über den Stand des Prozesses informiert werden muss. Die Häufigkeit der Kontrollen ist allerdings entscheidend. Bei zu viel Kontrolle sinkt nicht nur die Motivation der Mitarbeiter, sondern es lässt auch die Eigeninitiative sinken. Das Ergebnis sind schlechte Arbeitsleistungen. Schenken Sie Vertrauen und lassen Sie Freiräume für die Mitarbeiter zu. So fördern Sie die Kreativität Ihrer Mitarbeiter. Genau das spiegelt eine professionelle Mitarbeiterführung wider.

2. Fehler: Kein oder zu wenig Feedback geben!

Schaffen Sie bereits zu Beginn eines Prozesses die Möglichkeit des regelmäßigen Feedbacks. Mitarbeiter erwarten sogar, dass sich über ihre Leistung im Prozess mit der Führungskraft ausgetauscht wird. Die Regelmäßigkeit dieser Feedbacks ist sehr wichtig, sollte aber nicht nur für die bekannte Standpauke wegen schlechter Leistung der Mitarbeiter genutzt werden. Auch gute Leistungen sollten innerhalb eines Feedbacks gewürdigt werden. Der Mix aus beidem und ein entsprechender Vertrauensvorschuss verhindert nicht nur einen Qualitätseinbruch im Prozess, sondern fördert die Eigeninitiative der Mitarbeiter, die darin erkennbar wird, dass neue kreative Ideen in den Prozess einfließen. Dies alles sind entscheidende Eckpunkte einer professionellen Mitarbeiterführung.

3. Fehler: Keine Verantwortung auf Teammitglieder übertragen!

Ein typischer Fall für eine schlechte Mitarbeiterführung zeigt sich in den Situationen, in denen durch Rückschläge der Prozess unterbrochen oder gar zum Scheitern kommt. In diesen Fällen wird schnell nach dem Schuldigen gesucht. Leider tritt dieser Fehler sehr häufig auf, da sich ein Sündenbock immer schnell finden lässt. Dabei ist eine derartige Situation völlig eindeutig:

> Verantwortung trägt immer die Führungskraft, niemals ein Teammitglied!
> Verantwortung ist nicht delegierbar!

Häufig wird dabei der Punkt „Verantwortung“ sehr schnell mit der Höhe des entsprechenden Gehalts in Verbindung gebracht. So abwegig ist diese Meinung nicht. Verantwortung übernehmen bedeutet eine höhere hierarchische Position und damit auch eine höhere Entlohnung. Ganz nebenbei würde sich bei den Mitarbeitern auch der Eindruck vertiefen, dass eine Führungskraft, die sich ständig aus der Affäre zieht, nur den eigenen Vorteil im Auge hat – eine Betrachtungsweise, die sehr schnell von den Mitarbeitern aufgenommen wird und das Ende einer Teamgemeinschaft darstellt.

4. Fehler: Keine Ziele vorgeben!

Ein Team funktioniert nur dann optimal, wenn durch die Führungskraft eindeutige Ziele in der Prozessentwicklung vorgegeben werden. Geben Sie als Führungskraft sämtliche relevanten Informationen weiter, die für die Erreichung eines Zieles, oder auch mehrerer Ziele, notwendig sind. Sie kennen sicher die Situation, dass zu Beginn einer Wanderung die Route erläutert wird und z. B. der Gasthof „X Y Z“ als Ziel vorgegeben wird. Kommt schlussendlich dieser Gasthof nach einer langen Wanderung ins Blickfeld, werden nochmals sämtliche Willenskräfte aktiviert, um dieses Ziel auch zu erreichen. So funktioniert auch ein optimal geführtes Mitarbeiterteam!

5. Fehler: Konflikte unter den Mitarbeitern nicht lösen!

Selbstverständlich kann es im Prozessablauf zu Problemen, Unstimmigkeiten oder gar Konflikten kommen, sowohl in der eigentlichen Entwicklung des Prozesses als auch zwischen den Mitarbeitern untereinander. Das ist auch nicht ungewöhnlich, da die Mitarbeiter des Teams eigenständige Menschen mit einem eigenen Charakter sind. Die Kunst einer professionellen Mitarbeiterführung liegt nun darin, diese unterschiedlichen Charaktere zusammenzufügen und aufkommende Konflikte umgehend anzusprechen und zu lösen. Wichtig dabei ist aber, alle beteiligten Parteien anzuhören, um dann einen gemeinsamen Konsens zu finden. Eine Konfliktlösung von oben (Führungskraft) herab wird keine einheitliche Zustimmung im Team finden und umgehend das nächste Problem eröffnen. Ungelöste Konflikte können sehr schnell zum Abbruch der Prozessentwicklung führen!

3. Rollen / Ebenen einer Führungskraft

Wie bereits im Vorwort erwähnt, muss eine professionelle Führungskraft in der Lage sein, die unterschiedlichsten Rollen innerhalb der Mitarbeiterführung zu übernehmen. Dabei wird nahezu das gesamte Spektrum von Führungseigenschaften abgedeckt. Nachfolgend betrachten wir die sechs wichtigsten Rollen / Ebenen einer professionellen Mitarbeiterführung noch einmal im Detail.

3.1 DER DISZIPLINARISCHE VORGESETZTE

Grundsätzlich übernimmt jede Führungskraft, gleich welcher hierarchischen Stufe, eine disziplinarische Verantwortung. Sie ist allerdings hinsichtlich der disziplinarischen Wirkung sehr unterschiedlich. So hat der Leiter der Geschäftsführung selbstverständlich eine größere disziplinarische Entscheidungsbefugnis und einen größeren Disziplinarbereich als z. B. der Leiter eines Teams aus der Produktion. Eine Aufgabe haben aber beide Vorgesetzten gemeinsam: Sie müssen dafür Sorge tragen, dass die Unternehmensziele, unter Einhaltung von Unternehmenswerten und festen Regeln, eingehalten werden.

Der **LEITSATZ** für Führungskräfte in der disziplinarischen Rolle / Ebene sollte daher lauten:
„Als disziplinarischer Vorgesetzter ist es meine Aufgabe, die Vorgaben und Leitlinien des Unternehmens effektiv umzusetzen!“

3.2 DER MITUNTERNEHMER

Der Begriff Mitunternehmer bzw. Mitunternehmerschaft stammt eigentlich aus dem deutschen Einkommensteuergesetz (§ 15 und § 18). Obwohl nicht wörtlich genannt, beschreiben diese Paragrafen den Zusammenschluss von mindestens zwei Personen, die – persönlich verantwortlich – die Geschäfte eines Unternehmens auf eigene Rechnung und Gefahr betreiben.

Diese rechtliche Definition kann auf die Funktion einer Führungskraft so sicherlich nicht angewandt werden. Der Hinweis der persönlichen Verantwortung allerdings schon, wenn auch heruntergebrochen auf die unternehmerische Verantwortung bei der Führung eines Mitarbeiterteams. Etwas einfacher ausgedrückt wird eine Führungskraft im Unternehmen durch ihre hierarchische Position zum Unternehmer, der stets das Wohl des Unternehmens im Blick haben muss. Seine Entscheidungen müssen stets mit den Interessen des Unternehmens in Einklang gebracht werden. Dies funktioniert allerdings nur durch die Einbindung aller Mitarbeiter des Teams.

Der **LEITSATZ** für Führungskräfte in der unternehmerischen Rolle / Ebene sollte daher lauten:
„Meine Aufgabe in der Rolle eines Mitunternehmers liegt darin, gemeinsam mit meinem Team zum unternehmerischen Erfolg beizutragen!“

3.3 DER MITARBEITER-COACH / TRAINER

Die Begriffe ›Coach‹ / ›Trainer‹ bzw. ›Coaching‹ / ›Training‹ dürften Ihnen insbesondere aus dem sportlichen Bereich bekannt sein. Dort werden Sportler durch Trainer begleitet, um bei Wettkämpfen Höchstleistungen und dabei möglichst neue Rekorde zu erzielen. So ähnlich funktioniert auch das Zusammenspiel in einem Team von Mitarbeitern, nur dass es hierbei nicht um Rekorde geht, sondern um den erfolgreichen Abschluss eines Prozesses. Um dies zu erreichen, werden die Mitglieder des Teams von einer professionellen Führungskraft ebenfalls begleitet. Dabei ist die Führungskraft nicht nur der Trainer für prozessbezogene Probleme, sondern auch für persönliche bzw. private Herausforderungen. Zu letzteren können z. B. Aufstiegs- oder Karriereperspektiven gehören. Als Mitarbeiter-Coach baut eine professionelle Führungskraft dadurch eine sehr private Beziehung auf, das vertrauensvollste Zusammenspiel zwischen Mitarbeiter und Führungskraft.

Der **LEITSATZ** für Führungskräfte in der Rolle / Ebene eines Mitarbeiter-Coachs sollte daher lauten:
„Als Mitarbeiter-Coach begleite ich meine Mitarbeiter mit Rat und ggf. auch mit Tat bei allen prozessbezogenen, aber auch privaten Herausforderungen!“

3.4 DER PERSONALENTWICKLER

Die Personalentwicklung ist eigentlich ein klassisches Feld aus dem Personalbereich. In diesem Fachbereich sollten die Maßnahmen entwickelt werden, um Mitarbeiter fachlich auf den Stand zu bringen, damit sie in ihren betrieblichen Positionen optimal eingesetzt werden können. Die Aufgabe einer professionellen Führungskraft liegt schlussendlich darin, im laufenden Prozess die vorhandenen Kompetenzen der Mitglieder des Teams zu bewerten und u. a. zu erkennen,

... ob Mitarbeiter des Teams noch Defizite im Prozessablauf aufweisen.

Lösung: Nachschulung durch die Führungskraft, ggf. begleitend durch einen anderen Mitarbeiter des Teams.

... ob Mitarbeiter des Teams noch zusätzliches, bisher unbekanntes Potenzial besitzen.

Alternative: Den Aufgaben- bzw. Verantwortungsbereich des Mitarbeiters erweitern oder ihn grundsätzlich in eine andere Aufgabenstellung des Prozesses einbinden.

Der **LEITSATZ** für Führungskräfte in der Rolle / Ebene des Personalentwicklers sollte daher lauten:
„Wie kann ich die berufliche Kompetenz meiner Mitarbeiter weiterentwickeln?"

3.5 DER FACHMANN / DER SPEZIALIST

Eine professionelle Führungskraft sollte grundsätzlich mit dem entsprechenden Knowhow des Prozesses ausgestattet sein. Nur so kann die Führungsaufgabe verantwortungsbewusst übernommen werden. Die Führungskraft muss immer, zu jedem Zeitpunkt im Prozess, den Mitarbeitern mit Rat und Tat zur Seite stehen können und bei einer möglichen Problemlösung sollte das Fachwissen der Führungskraft einen entscheidenden Einfluss haben.

Der **LEITSATZ** für Führungskräfte in der Rolle / Ebene des Fachmanns sollte daher lauten:
„Die Lösung von Problemen muss mit meinem Team schnell und vor allem effektiv gelöst werden!"

3.6 DER FACILITATOR (MODERATOR)

Die Rolle eines Facilitators gewinnt innerhalb der Mitarbeiterführung immer mehr an Bedeutung. Da Kundenaufträge immer komplexer werden, wird es für die Unternehmen immer schwieriger, durch individuelle Leistungen einzelner Mitarbeiter diesen Aufgabenstellungen gerecht zu werden. Heutzutage ist die kollegiale Teamarbeit gefordert, die allerdings nicht immer konfliktfrei einhergeht.

Diese Konflikte können einerseits technischer Art sein, z. B. punktuelle Blockaden innerhalb des Prozesses, aber auch persönliche Probleme, z. B. durch unterschiedliche Sichtweisen der Teammitglieder, können den reibungslosen Prozess behindern. Für diesen Fall werden Führungskräfte benötigt, die den Mitarbeitern begleitend zur Seite stehen und es dabei verstehen, die Kompetenzen aller Mitarbeiter, sowohl fachlich als auch methodisch, in Einklang zu bringen, um den Prozess lösungsorientiert fortzusetzen.

Die Fähigkeit eines Facilitators liegt aber auch darin, Mitarbeitern das Gefühl von Sicherheit und Selbstständigkeit zu vermitteln, damit sie es schaffen, bei Konflikten eigenverantwortliche Lösungswege ohne Einbindung der Führungskraft zu finden, um diese Konflikte lösen zu können. Als Facilitator nutzen Sie Ihre berufliche bzw. operative Erfahrung und begleiten so Ihre Mitarbeiter.

Der **LEITSATZ** für Führungskräfte in der Rolle / Ebene des Facilitators sollte daher lauten:
„Wie schaffe ich es, meinem Team so viel Selbstvertrauen zu vermitteln, dass es Probleme, Konflikte oder Hindernisse im Prozessablauf eigenständig beiseite räumt?"

3.7 ZUSAMMENSPIEL DER ROLLEN / EBENEN

Das Zusammenspiel und der Wechsel zwischen diesen sechs Ebenen / Rollen verlangen von Ihnen als Führungskraft eine besondere Fähigkeit, zeichnen Sie aber als professionelle Führungskraft aus. An dem folgenden Beispiel können Sie erkennen, welche Fähigkeit, besser gesagt, welches Fingerspitzengefühl, Sie an den Tag legen müssen, um das geschilderte Problem zu lösen.

3.7.1 Aufgabe inkl. Lösung

Beispiel: Der Mitarbeiter ›A‹ aus einem laufenden Projekt kommt zu Ihnen als zuständiger Projektleiter und schildert Ihnen folgendes Problem:

„Die Entwicklung des Prozesses stockt, da es einigen Mitgliedern des Teams an Erfahrung fehlt, um die übertragenen Aufgaben umfassend erledigen zu können."

Als Projektleiter und somit oberste Führungskraft müssen Sie sich jetzt entscheiden, welche Ebene / Rolle Sie einnehmen wollen, um das Problem zu lösen. Sie analysieren zuerst einmal das geschilderte Problem und stellen sich danach folgende drei Fragen:

AUFGABE: Kennzeichnen Sie in den entsprechenden Tabellen einmal die Rolle, die Sie persönlich bei den ausgewählten Fragen einnehmen würden.

➢ Frage 1: Handelt es sich bei der Schilderung des Mitarbeiters um ein Problem, das von ihm durchaus selbst gelöst werden könnte, er findet aber aktuell keinen praktikablen Weg?

Disziplinarischer Vorgesetzter	Mitunternehmer	Coach
Personalentwickler	Fachmann	Facilitator

➢ Frage 2: Fehlen dem Mitarbeiter lediglich Kompetenzen, um das geschilderte Problem selbst zu lösen?

Disziplinarischer Vorgesetzter	Mitunternehmer	Coach
Personalentwickler	Fachmann	Facilitator

➢ Frage 3: Besitzt das geschilderte Problem tatsächlich eine Wertigkeit und kann ausschließlich von Ihnen als höchste Führungsperson gelöst werden?

Disziplinarischer Vorgesetzter	Mitunternehmer	Coach
Personalentwickler	Fachmann	Facilitator

LÖSUNG:

Frage 1 = In der Rolle als Coach auftreten!

Helfen Sie Ihrem Mitarbeiter durch gezielte Fragen, dieses Problem selbst zu lösen. So könnte z. B. durch Veränderungen an den Aufgabengebieten der Mitarbeiter das vorhandene Wissen im Team optimaler gebündelt werden und so der Prozess wieder zum Laufen gebracht werden.

Frage 2 = In der Rolle als Personalentwickler auftreten!

In der Ebene / Rolle des Personalentwicklers könnten Sie sich für eine Weiterbildung des Mitarbeiters ›A‹ entscheiden, um seine Kompetenzen bei Problemlösungen zu erweitern. Alternativ würden sich auch Weiterbildungsmaßnahmen bei den Mitgliedern des Teams anbieten.

Frage 3 = In der Rolle als Facilitator auftreten!

In dieser Ebene / Rolle müssen Sie selbst aktiv werden. Begleiten Sie den Mitarbeiter ›A‹ bei der Lösung des Problems und steigern Sie damit sein Selbstvertrauen, zukünftig ein derartiges Problem selbst zu lösen.

4. Integrität in der Rolle / Ebene

Anhand der vorherigen Kapitel und des Beispiels können Sie erkennen, wie wichtig die Übernahme einer Rolle / Ebene für Sie als Führungskraft ist. Aber nicht nur das Hineinschlüpfen in eine Rolle / Ebene wird Ihnen bei der Lösung eines Konfliktes helfen. Insbesondere Ihre persönliche Integrität, Ihre Ehrlichkeit bzw. Aufrichtigkeit, wird ausschlaggebend für die Lösung eines Konfliktes sein und Ihnen einen Erfolg in Ihrer Mitarbeiterführung verschaffen. Nutzen Sie Ihre eingenommene Führungsrolle / -ebene niemals für eine Manipulation, um sich persönlich daraus einen Vorteil zu verschaffen. Selbst wenn Mitarbeiter Manipulationen nicht sofort feststellen, auf Dauer wird es Ihnen mit dieser Taktik nicht gelingen, als Führungskraft überzeugend zu wirken.

Um mit Integrität zu überzeugen, kann es ggf. förderlich sein, Mitarbeitern gegenüber offen darzustellen, welche Rolle / Ebene einer Führungskraft Sie gerade einnehmen. Dies kann z. B. sehr entscheidend für das Gespräch sein, bei dem Sie das Gefühl haben, der Mitarbeiter hätte dieses Problem auch selbst lösen können. Nachfolgend das Beispiel aus Kapitel 3.7 in etwas abgeänderter Form.

Beispiel: Der Mitarbeiter ›A‹ aus einem laufenden Projekt kommt zu Ihnen als zuständiger Projektleiter und schildert Ihnen folgendes Problem:

„Die Entwicklung eines Fertigungsprozesses stockt, da der Mitarbeiter ›XY‹ aus Mangel an Kenntnissen das Problem hat, einen bestimmten Fertigungsschritt zeitgerecht erledigen zu können.“

LÖSUNG:

Mit einer einfachen Frage an Ihren Mitarbeiter schlüpfen Sie in die Rolle des Coaches. Die Frage lautet: „Wie würdest Du / würden Sie diese Situation lösen, wenn Du / Sie jetzt in meiner Funktion wärst / wären?“ Der Mitarbeiter wird sehr schnell begreifen, dass Sie zwar das Problem lösen wollen, gleichzeitig aber auch das Gefühl haben, dass es bereits einen Lösungsansatz gibt. Im Kern zeigen Sie durch diese Reaktion Ihrem Mitarbeiter gegenüber, dass Sie ihm vertrauen, Lösungen selbst zu finden und umzusetzen.

ERGEBNIS:
Der Mitarbeiter wird Ihnen durch dieses Vertrauen nicht nur dankbar sein, sondern eine hohe Anerkennung Ihnen gegenüber einnehmen. Zukünftig wird er genau abwägen, welche Entscheidungen er selbst treffen kann und welche er mit Ihnen abstimmen muss. Sie aber als Führungskraft sind Ihrer Rolle / Ebene als Coach mehr als gerecht geworden.

Zum Thema persönliche Integrität kann man sehr treffend ein Zitat der US-amerikanischen Menschen- und Bürgerrechtlerin Maya Angelou (* 04.04.1928, † 28.05.2014) heranziehen:

„Die Menschen vergessen, was du sagst und was du tust. Aber wie sie sich in deiner Gegenwart gefühlt haben, vergessen sie nie!“

---

5. Führungsstile (Vor- und Nachteile)

Innerhalb der vorherigen Kapitel wurde umfangreich darauf hingewiesen, dass eine professionelle Führungskraft stets in der Lage sein sollte, situationsabhängig die unterschiedlichsten Rollen / Ebenen eines Vorgesetzten einzunehmen. Dies ist vom Grundsatz her nicht allzu schwierig, da es erlernbar ist. Etwas schwieriger gestaltet es sich allerdings mit Ihrem persönlichen Führungsstil. Dieser wird im Regelfall viel zu spät bei aufsteigenden Führungskräften analysiert. Er entwickelt sich praktisch stetig, je nach disziplinarischer Stellung, steht aber häufig im direkten Zusammenhang mit der Ausrichtung bzw. den strategischen Zielen eines Unternehmens.

Durch Ihren persönlichen Führungsstil lässt sich klar erkennen, welche Einstellung Sie gegenüber den Mitarbeitern pflegen und wie Sie sich ihnen gegenüber in Problemsituationen verhalten werden. Daher sind Führungskräfte und der Stil ihrer Führung u. a. enorm wichtig und entscheidend für das Arbeitsklima im Unternehmen. Genau das wiederum hat einen direkten Einfluss auf die Zufriedenheit von Mitarbeitern und auf die Attraktivität eines Unternehmens. Gleichzeitig steigert es die Bereitschaft bei den Mitarbeitern, auftretende Probleme produktiv und vor allem offen vorzutragen.

Ähnlich wie die Rollen / Ebenen einer Führungskraft werden auch Führungsstile in unterschiedliche Klassifikationen gegliedert. Bereits im Jahr 1922 definierte der deutsche Soziologe Max Weber (* 21.04.1864, † 14.06.1920) vier Führungsstile, die er als „reine Führungsstile“ bezeichnete. Mit dem Ausdruck „rein“ bezog Weber sich dabei auf die seit Jahrhunderten geltenden Formen der Herrschaftsstrukturen in der Welt, die er als Grundlage für diese Führungsstile betrachtete.

Zu den „reinen Führungsstilen“ gehören der ...

- autokratische Führungsstil
- patriarchalische Führungsstil
- charismatische Führungsstil
- bürokratische Führungsstil

In den Jahren 1937 und 1938 definierte der deutsche Sozialpsychologe Kurt Lewin (* 09.09.1890, † 12.02.1947) weitere Formen von Führungsstilen. In seiner Arbeit ermittelte er Wirkungen auf das Gruppenverhalten von Jugendlichen. Aus dieser Arbeit entwickelte Lewin drei weitere Führungsstile, die er als „klassische Führungsstile" bezeichnete.

Zu den „klassischen Führungsstilen" gehören der ...

- hierarchische (autoritäre) Führungsstil
- kooperative Führungsstil
- Laissez-faire-Führungsstil

5.1 DIE VIER „REINEN" FÜHRUNGSSTILE

5.1.1 Der autokratische Führungsstil

Der Begriff ‚Autokratie' bildet sich aus den altgriechischen Worten ‚autòs' (= selbst) und ‚kratèin' (= herrschen) und lässt sich ins Deutsche in etwa mit dem Begriff ‚Alleinherrschaft' übersetzen. Dieser Führungsstil beinhaltet also die uneingeschränkte „Herrschaft" einer Führungskraft innerhalb eines Unternehmens, einer Abteilung bzw. eines Prozesses. Eine autokratische Führungskraft trifft sämtliche Entscheidungen allein, ohne Einbindung der Mitarbeiter. Er erwartet aber von seinen Mitarbeitern, dass sämtliche Entscheidungen, Anordnungen bzw. Weisungen ohne Widerspruch eingehalten werden. Die Einhaltung dieser Maßnahmen überprüft eine autokratische Führungskraft intensiv und sie lässt dadurch den Mitarbeitern keinen Spielraum bzw. keine Entfaltungsmöglichkeit in ihrer täglichen Arbeit.

ZIEL(E) des autokratischen Führungsstils:

In unserer heutigen modernen Wirtschaftswelt wirkt diese Form der Mitarbeiterführung zwar sehr veraltet, doch kann dieser Führungsstil in einigen Unternehmen durchaus von Vorteil sein. Einerseits können durch die Beschleunigung der Umsetzung von Entscheidungen, Anordnungen bzw. Weisungen sofortige Ergebnisse mit einer hohen Effektivität erzielt werden, andererseits wirkt sich die strikte Disziplin der Mitarbeiter positiv auf die Produktivität aus. Größtenteils findet sich der autokratische Führungsstil in Unternehmen mit einer totalitären Staatsführung.

VORTEIL(E) des autokratischen Führungsstils:

➤ Die Mitarbeiter wissen sehr genau, welche Regeln im Unternehmen oder einem Prozess Gültigkeit haben!
➤ Die Umsetzung von Regeln in den täglichen Arbeitsablauf erfolgt schneller, da kein Widerspruch erneut entschieden werden muss!
➤ Mitarbeiter empfinden diesen Führungsstil häufig auch als entlastend, da sie selbst keine Entscheidungen treffen müssen und ihnen folglich jegliche Verantwortung abgenommen wird.
➤ Mitarbeiter können bei strikter Einhaltung sämtlicher Vorgaben innerhalb des Prozesses nicht zur Verantwortung gezogen werden.

NACHTEIL(E) des autokratischen Führungsstils:

➤ Bei Ausfall der autokratischen Führungskraft, z. B. bei längerer Krankheit, entsteht ein Machtvakuum und notwendige Entscheidungen werden nicht getroffen.
➤ Für Mitarbeiter mit einer kreativen Arbeitsauffassung ist dieser Führungsstil ein absoluter Alptraum.
➤ Aufgrund der nicht vorhandenen Entfaltungs- und Mitsprachemöglichkeiten ist die Motivation der Mitarbeiter „im Keller“. Dadurch leiden die Kreativität und die Ideen, um das Unternehmen nach vorne zu bringen.
➤ Verstöße der Mitarbeiter gegen die Entscheidungen, Anordnungen bzw. Weisungen werden mit Sanktionen „bestraft“.
➤ Die Erfahrungen von Mitarbeitern, die durch eine lange Berufslaufbahn erworben wurden, oder das „frische Wissen“, das neue Mitarbeiter durch ihre schulische Ausbildung mit in das Unternehmen einbringen, können nicht in den Arbeitsalltag einfließen.
➤ Fehlentscheidungen durch einen autokratischen Führungsstil sind nicht korrigierbar und können zu erheblichen finanziellen Einbußen beitragen.

5.1.1.1 Fragen und Antworten als Beispiel für einen autokratischen Führungsstil

Nachfolgend werden Ihnen fünf Fragen und jeweils zwei bzw. drei Möglichkeiten einer Antwort vorgegeben. Nur eine dieser Antworten ist allerdings korrekt. Kreuzen Sie die Ihrer Meinung nach richtigen Antworten an und notieren Sie die entsprechenden Kennziffern. Die richtigen Antworten zum Vergleich finden Sie im Kapitel 5.2.

1. Frage: Was ist das besondere Merkmal für den autokratischen Führungsstil?

Kennziffer	Antworten
5.1.1 / 01	Ausschließlich die Führungskraft hat die Entscheidungsgewalt!
5.1.1 / 02	Die Führungskraft begeistert durch sein persönliches Auftreten die Mitarbeiter und steigert dadurch deren Motivation!
5.1.1 / 03	Die Mitarbeiter werden mit ihrem Wissen in den Prozess eingebunden!

2. Frage: Welchen Vorteil weist ein autokratischer Führungsstil auf?

Kennziffer	Antworten
5.1.1 / 04	Entscheidungen benötigen keinen langwierigen Zeitaufwand!
5.1.1 / 05	Keine Vorteile!
5.1.1 / 06	Die Mitarbeiter werden für ihre Leistung gelobt und wertgeschätzt!

3. Frage: Findet der autokratische Führungsstil in der westlichen Wirtschaftswelt immer mehr Anklang?

Kennziffer	Antworten
5.1.1 / 07	Ja
5.1.1 / 08	Nein

4. Frage: Welchen Nachteil weist ein autokratischer Führungsstil auf?

Kennziffer	Antworten
5.1.1 / 09	Keine Nachteile!
5.1.1 / 10	Mitarbeiter werden bei Fehlern durch Sanktionen „bestraft“!
5.1.1 / 11	Entscheidungen werden durch die Mitbestimmung der Mitarbeiter unnötig in die Länge gezogen!

5. Frage: Wo findet man einen autokratischen Führungsstil am häufigsten?

Kennziffer	Antworten
5.1.1 / 12	In der Bundesrepublik Deutschland!
5.1.1 / 13	Im Finanzwesen!
5.1.1 / 14	In totalitär regierten Staaten!

5.1.2 Der patriarchalische Führungsstil

Auch die Bezeichnung ‚Patriarch‘ stammt aus einem altgriechischen Wortschatz, leitet sich aus den Wörtern ‚patér‘ (= Vater) und ‚arches‘ (= Oberhaupt) ab und lässt sich ins Deutsche in etwa mit dem Begriff ‚Herrschaft des Vaters‘ übersetzen.

Eigentlich sind der autokratische und der patriarchische Führungsstil direkt miteinander vergleichbar. Im Gegensatz zum Autokraten betrachtet sich der Patriarch aber nicht als Despot des Unternehmens, sondern als Vaterfigur, also die etwas „freundlichere Art“ der Unternehmensführung. Allerdings trifft auch der Patriarch seine Entscheidungen uneingeschränkt allein. Ein wichtiges Kriterium seiner Entscheidungen liegt dabei allerdings in der Verantwortung, schon fast Fürsorge, für die Mitarbeiter. Den patriarchischen Führungsstil findet man größtenteils in Unternehmen, die in den 70er bzw. 80er Jahren des letzten Jahrhunderts gegründet wurden und vom Unternehmensgründer noch selbst oder von seinen Kindern geführt werden. Diese Gründer vertreten die Ansicht, sich persönlich im Laufe der Zeit einen Wissens- und Erfahrungsvorsprung gegenüber den Mitarbeitern erarbeitet zu haben, und verbinden damit eine persönliche Verantwortung für das Wohlbefinden der Mitarbeiter. Ansonsten gilt der patriarchische Führungsstil heute als veraltet.

ZIEL(E) des patriarchalischen Führungsstils:

➢ Durch die familiäre Führung des Unternehmens soll es den Mitarbeitern wohlergehen und deren Motivation steigern, um positive Ergebnisse mit einer hohen Effektivität zu erzielen.

VORTEIL(E) des patriarchalischen Führungsstils:

➢ Für unternehmerische Entscheidungen bedarf es keiner langwierigen Gespräche.
➢ Für die Mitarbeiter existieren klare Vorgaben und Richtlinien, an die man sich zu halten hat.
➢ Die emotionale Bindung der Mitarbeiter gegenüber dem Unternehmen ist sehr hoch.
➢ Der Patriarch schlüpft in eine unternehmerische „Vaterrolle“. Dadurch wird sich intensiver um die Mitarbeiter gekümmert, als es bei einer Führungsperson mit autokratischem Führungsstil der Fall ist.

NACHTEIL(E) des patriarchalischen Führungsstils:

➢ Kein Spielraum für kreatives Denken. Der Boss hat das Sagen!
➢ Fehlentscheidungen durch den Patriarchen sind nicht korrigierbar und anfällig für Fehler.
➢ Der bedingungslose Gehorsam kann, trotz emotionaler Bindung, die Arbeitsmoral senken.

5.1.2.1 Fragen und Antworten als Beispiel eines patriarchischen Führungsstils

Nachfolgend werden Ihnen fünf Fragen und jeweils zwei bzw. drei Möglichkeiten einer Antwort vorgegeben. Nur eine dieser Antworten ist allerdings korrekt. Kreuzen Sie die Ihrer Meinung nach richtigen Antworten an und notieren Sie die entsprechenden Kennziffern. Die richtigen Antworten zum Vergleich finden Sie im Kapitel 5.2.

1. Frage: Welche Unternehmen werden größtenteils von einem Patriarchen geführt?

Kennziffer	Antworten
5.1.2 / 01	Behörden / Ämter!
5.1.2 / 02	Langjährige Familienunternehmen!
5.1.2 / 03	Aktiengesellschaften!

2. Frage: Welchen Vorteil weist ein patriarchischer Führungsstil auf?

Kennziffer	Antworten
5.1.2 / 04	Das Unternehmen wird immer modern geführt!
5.1.2 / 05	Familiäres Wohlbefinden!
5.1.2 / 06	Keinen besonders auffallenden!

3. Frage: Wird der patriarchische Führungsstil als modern eingestuft?

Kennziffer	Antworten
5.1.2 / 07	Ja!
5.1.2 / 08	Nein!

4. Frage: In patriarchisch geführten Unternehmen wird die Geschäftsführung häufig an die Kinder des Unternehmensgründers weitergegeben (vererbt). Ist diese Feststellung ...

Kennziffer	Antworten
5.1.2 / 09	Richtig!
5.1.2 / 10	Falsch

5. Frage: Was ist das Hauptmerkmal des patriarchischen Führungsstils?

Kennziffer	Antworten
5.1.2 / 11	Entscheidungen werden durch ein Gremium getroffen.
5.1.2 / 12	Der Patriarch trifft Entscheidungen in Abstimmung mit seinen Kindern.
5.1.2/ 13	Entscheidungen werden ausschließlich von dem Patriarchen getroffen.

5.1.3 Der charismatische Führungsstil

Auch das Wort ‚Charisma' stammt aus altgriechischen Wörtern, dem ‚char', was in etwa mit ‚Gunst erweisen' übersetzt werden kann. Das aus diesem Wort abgeleitete Verb lautet ‚charitsesthai'. Diese Übersetzung des Wortes ist vielfältig. Sie reicht von ‚schenken' über ‚stiften' und ‚spenden' bis hin zu dem Wort ‚ausstrahlen'. Damit schließt sich der Kreis zum Begriff Charisma.

Unter charismatischen Personen verstehen wir heutzutage Menschen mit einer besonderen Ausstrahlung. Im Bereich der Mitarbeiterführung kann diese Ausstrahlung dazu führen, dass Mitarbeiter Dinge für die Führungskraft tun, die weit über das Normalmaß hinausgehen. Als bestes Beispiel für einen charismatischen Führungsstil kann man den ehemaligen Mitgründer und Vorstandsvorsitzenden Steve Jobs (* 24.02.1955, † 05.10.2011) bezeichnen. Er faszinierte durch sein Charisma tausende von Mitarbeitern, die begeistert an der Zukunft des Unternehmens mitarbeiteten und einen hohen Anteil am Erfolg des Unternehmens hatten. Dieses Charisma schwebt auch nach dem Tod von Steve Jobs noch heute durch das Unternehmen.

ZIEL(E) des charismatischen Führungsstils:

➢ Vorgaben werden zwar durch die Führungskraft definiert, dann aber an die Mitarbeiter delegiert. So wird den Mitarbeitern nicht nur Vertrauen, sondern auch eine Wertschätzung entgegengebracht. Alle Mitarbeiter fühlen sich dadurch positiv angesprochen und zeigen dies durch eine effektive Leistung.

VORTEIL(E) des charismatischen Führungsstils:

➢ Die Motivation und Identifikation der Mitarbeiter ist ihrem Unternehmen gegenüber sehr hoch.
➢ Bei Problemen kann durch das Charisma der Führungskraft Zuversicht vermittelt werden.
➢ Bei einer charismatischen Führungskraft können, trotz alleiniger Entscheidungsgewalt, die Mitarbeiter einen Anteil Selbstbestimmung in den Prozess einbringen.

NACHTEIL(E) des charismatischen Führungsstils:

➢ Charisma muss man haben! Charisma ist nicht erlernbar!
➢ Die Leistung der Mitarbeiter ist stark abhängig von der charismatischen Führungskraft. Fällt diese über einen längeren Zeitraum (z. B. Krankheit) aus, kann sich dies negativ auswirken.

5.1.3.1 Fragen und Antworten als Beispiel eines charismatischen Führungsstils

Nachfolgend werden Ihnen fünf Fragen und jeweils zwei bzw. drei Möglichkeiten einer Antwort vorgegeben. Nur eine dieser Antworten ist allerdings korrekt. Kreuzen Sie die Ihrer Meinung nach richtigen Antworten an und notieren Sie die entsprechenden Kennziffern. Die richtigen Antworten zum Vergleich finden Sie im Kapitel 5.2.

1. Frage: Was deutet eindeutig auf einen charismatischen Führungsstil hin?

Kennziffer	Antworten
5.1.3 / 01	Die Führungskraft vertraut und wertschätzt seine Mitarbeiter!
5.1.3 / 02	Entscheidungen werden durch die Mitarbeiter geprüft und ggf. umgesetzt!
5.1.3 / 03	Bei Krankheit der Führungskraft übernehmen die Mitarbeiter Führungsaufgaben!

2. Frage: Welchen Nachteil weist ein charismatischer Führungsstil auf?

Kennziffer	Antworten
5.1.3 / 04	Es gibt keine Nachteile!
5.1.3 / 05	Die Mitarbeiter lassen sich nur schwer motivieren!
5.1.3 / 06	Charisma kann man nicht erlernen!

3. Frage: Welche Voraussetzung muss erfüllt sein, um einen charismatischen Führungsstil anzuwenden?

Kennziffer	Antworten
5.1.3 / 07	Es funktioniert ausschließlich bei Großunternehmen!
5.1.3 / 08	Es funktioniert ausschließlich bei kleineren Unternehmen!
5.1.3 / 09	Die Führungskraft muss bereits Charisma ausstrahlen!

4. Frage: Ein charismatischer Führungsstil entspricht heute nicht mehr den Vorstellungen moderner Unternehmen. Richtig oder falsch?

Kennziffer	Antworten
5.1.3 / 10	Richtig!
5.1.3 / 11	Falsch!

5. Frage: Welche Führungskräfte würden Sie als charismatisch beurteilen?

Kennziffer	Antworten
5.1.3 / 12	Timotheus Höttges von der Deutschen Telekom AG
5.1.3 / 13	Steve Jobs von Apple Inc.
5.1.3/ 14	Jeff Bezos von Amazon.com / Inc.

5.1.4 Der bürokratische Führungsstil

Wie der Begriff es bereits erahnen lässt, handelt es sich bei dem bürokratischen Führungsstil eher um eine Methode, die vorrangig in Behörden und Ämtern angewandt wird. Die klare Struktur in Behörden mit ihren Vorschriften, Regeln, Dienstanweisungen und Gesetzen lassen eigentlich keinen anderen Führungsstil zu. Sollten andere Führungsstile angewandt werden, sind diese meist sehr schnell zum Scheitern verurteilt.

ZIEL(E) des bürokratischen Führungsstils:

- Klare Regeln und Vorschriften zu sämtlichen Abläufen!
- Strikte Einhaltung dieser Regeln und Vorschriften, um sich in der Außendarstellung als eine vertrauenswürdige Organisation darzustellen!

VORTEIL(E) des bürokratischen Führungsstils:

- Mitarbeiter sind keinen willkürlichen Anordnungen von Vorgesetzten ausgesetzt!

➢ Führungskräfte können aufgrund des bestehenden Regelwerkes schnell ausgetauscht werden, ohne dass sich Abläufe dadurch verzögern!
➢ Fehlentscheidungen sind durch den kleinen Entscheidungsspielraum der Führungskräfte nahezu ausgeschlossen.

NACHTEIL(E) des bürokratischen Führungsstils:

➢ Kein flexibles Handeln der Mitarbeiter möglich.
➢ Kreative Mitarbeiter sind in ihrer Arbeit eingeschränkt.
➢ Dieser fehlende Freiraum kann die Arbeitsmoral senken (Dienst nach Vorschrift)!

5.1.4.1 Fragen und Antworten als Beispiel eines bürokratischen Führungsstils

Nachfolgend werden Ihnen fünf Fragen und jeweils zwei bzw. drei Möglichkeiten einer Antwort vorgegeben. Nur eine dieser Antworten ist allerdings korrekt. Kreuzen Sie die Ihrer Meinung nach richtigen Antworten an und notieren Sie die entsprechenden Kennziffern. Die richtigen Antworten zum Vergleich finden Sie im Kapitel 5.2.

1. Frage: Was ist das ausschlaggebende Merkmal des bürokratischen Führungsstils?

Kennziffer	Antworten
5.1.4 / 01	Die strikten Regeln lassen Veränderungen sehr schnell zu!
5.1.4 / 02	Die alleinige Führungsmacht liegt bei den direkten Vorgesetzten!
5.1.4 / 03	Entscheidungen werden stets nach den geltenden Regeln getroffen!

2. Frage: Welchen Nachteil weist ein bürokratischer Führungsstil auf?

Kennziffer	Antworten
5.1.4 / 04	Auf Veränderungen kann nur sehr langsam reagiert werden!

5.1.4 / 05	Keine Nachteile!
5.1.4 / 06	Die hohe Motivation der Mitarbeiter lässt häufig Fehler zu!

3. Frage: Wo lässt sich der bürokratische Führungsstil am ehesten feststellen?

Kennziffer	**Antworten**
5.1.4 / 07	Bei börsennotierten Unternehmen!
5.1.4 / 08	In Behörden / Ämtern!
5.1.4 / 09	Bei Familienbetrieben!

4. Frage: Der bürokratische Führungsstil fördert die Motivation der Mitarbeiter. Richtig oder falsch?

Kennziffer	**Antworten**
5.1.4 / 10	Richtig!
5.1.4 / 11	Falsch!

5. Frage: Welchen Vorteil weist ein bürokratischer Führungsstil auf?

Kennziffer	**Antworten**
5.1.4 / 12	Mitarbeiter sind in der Gestaltung ihrer Aufgaben völlig frei!
5.1.4 / 13	Neue Entscheidungen werden schnell und problemlos umgesetzt!
5.1.4/ 14	Klare Regeln geben den Mitarbeitern Sicherheit!

5.2 LÖSUNGEN ZU DEN FRAGEN IN DEN KAPITELN 5.1.1-5.1.4

Vergleichen Sie nun Ihre notierten Kennzahlen zu den Fragen aus den Kapiteln 5.1.1-5.1.4 und betrachten Sie Ihr Ergebnis.

5.1.1 Autokratischer Führungsstil			**5.1.2 Patriarchalischer Führungsstil**	
Frage	**Lösung**		**Frage**	**Lösung**
1	5.1.1 / 01		1	5.1.2 / 02
2	5.1.1 / 04		2	5.1.2 / 05
3	5.1.1 / 08		3	5.1.2 / 08
4	5.1.1 / 10		4	5.1.2 / 09
5	5.1.1 / 14		5	5.1.2/ 13

5.1.3 Charismatischer Führungsstil			**5.1.4 Bürokratischer Führungsstil**	
Frage	**Lösung**		**Frage**	**Lösung**
1	5.1.3 / 01		1	5.1.4 / 03
2	5.1.3 / 06		2	5.1.4 / 04
3	5.1.3 / 09		3	5.1.4 / 08
4	5.1.3 / 11		4	5.1.4 / 11
5	5.1.3 / 13		5	5.1.4/ 14

Richtig: .... von 20 Fragen   Falsch: .... von 20 Fragen

5.3 DIE DREI „KLASSISCHEN“ FÜHRUNGSSTILE

5.3.1 Der hierarchische (autoritäre) Führungsstil

In der ersten Hälfte des letzten Jahrhunderts galt der autoritäre Führungsstil als Wegweiser für den Erfolg eines Unternehmens. Dieser Führungsstil zeichnete sich durch Einhaltung von strengen Regeln und klaren Vorgaben des hierarchisch höherstehenden Vorgesetzten aus. Einfach ausgedrückt: Der Boss übernimmt die Verantwortung, trifft sämtliche Entscheidungen und delegiert von oben herab. Heutzutage hat man erkannt, dass dieser Führungsstil alles andere als erfolgreich ist. Im Gegenteil! Eigeninitiative, Engagement, Begeisterung und Motivation werden durch den autoritären Führungsstil unterbunden und erschweren jegliche Teamarbeit. Die sich daraus entwickelnde Unzufriedenheit endet in der „inneren Kündigung“ der Mitarbeiter. Der unternehmerische Misserfolg ist dadurch vorprogrammiert. Allerdings besitzt der hierarchische Führungsstil auch einen ausschlaggebenden Vorteil: In einer Krisensituation trifft lediglich eine Person Entscheidungen und übernimmt dabei auch die Verantwortung.

Bitte beachten: Es sollten die Begriffe „Autorität“ und „autoritär“ nicht gleichbedeutend genutzt werden. Während „Autorität“ die Macht bzw. das Ansehen einer einzelnen Person widerspiegelt, steht „autoritär“ für negative Kriterien, wie z. B. „diktatorisch“ oder „totalitär“. Im Leben wird mit diesem Begriff der unbedingte Gehorsam eines Menschen gegenüber einer anderen Person beschrieben – umgesetzt auf das Thema Führungsstil keineswegs eine zeitgemäße Variante.

ZIEL(E) des hierarchischen Führungsstils:

➢ Der Fokus wird ausschließlich auf den unternehmerischen Erfolg bzw. das Gelingen des Prozesses gelegt.

VORTEIL(E) des hierarchischen Führungsstils:

➢ Durchaus sinnvoll, wenn der Prozess schnelle Entscheidungen erfordert und die Führungskraft gleichzeitig Fachmann auf diesem Gebiet ist.
➢ Kompetenzen sind eindeutig geregelt.
➢ Kontrolle des Prozesses in einer Hand.
➢ Bündelung von Informationen auf der Führungsebene.
➢ Entscheidungen laufen strikt von oben nach unten.

NACHTEIL(E) des hierarchischen Führungsstils:

➢ Fehlentscheidungen der Führungskraft können erhebliche Auswirkungen auf den Prozess haben.
➢ Bei Ausfall, z. B. Krankheit, der Führungskraft werden keine Entscheidungen getroffen und der Prozess stockt.
➢ Die Unzufriedenheit unter den Mitarbeitern ist sehr groß, die „innere Kündigung" ist vorprogrammiert.

5.3.1.1 Fragen und Antworten als Beispiel eines hierarchischen Führungsstils

Nachfolgend werden Ihnen fünf Fragen und jeweils zwei bzw. drei Möglichkeiten einer Antwort vorgegeben. Nur eine dieser Antworten ist allerdings korrekt. Kreuzen Sie die Ihrer Meinung nach richtigen Antworten an und notieren Sie die entsprechenden Kennziffern. Die richtigen Antworten zum Vergleich finden Sie im Kapitel 5.4.

1. Frage: Was ist das ausschlaggebende Merkmal des hierarchischen Führungsstils?

Kennziffer	**Antworten**
5.3.1 / 01	Es bestehen klare Regeln und Anweisungen im gesamten Prozess!
5.3.1 / 02	Die Mitarbeiter können eigene Vorschläge in den Prozess einbringen!
5.3.1 / 03	Von den Mitarbeitern ist ein hohes Maß an Eigeninitiative gewünscht!

2. Frage: Welchen ausschlaggebenden Vorteil weist der hierarchische Führungsstil auf?

Kennziffer	**Antworten**
5.3.1/ 04	Mitarbeiter und Führungskraft bilden eine homogene Einheit!

5.3.1 / 05	Mitarbeiter empfinden eine hierarchische Führung nicht als unangenehm!
5.3.1 / 06	In Krisensituationen fällt lediglich eine Person richtungsweisende Entscheidungen!

3. Frage: Welche Gefahr besteht bei einem hierarchischen Führungsstil?

Kennziffer	**Antworten**
5.3.1 / 07	Mitarbeiter wetteifern bei der Umsetzung eigener Vorschläge!
5.3.1 / 08	Mitarbeiter entwickeln eine „innere Kündigung“!
5.3.1 / 09	Förderprogramme werden von den Mitarbeitern gerne angenommen!

4. Frage: Wird der hierarchische Führungsstil heutzutage noch als zeitgemäß betrachtet?

Kennziffer	**Antworten**
5.3.1 / 10	Ja!
5.3.1 / 11	Nein!

5. Frage: Welchen Nachteil weist ein hierarchischer Führungsstil auf?

Kennziffer	**Antworten**
5.3.1 / 12	Bei einem hierarchischen Führungsstil können sich Mitarbeiter nicht weiterentwickeln!
5.3.1 / 13	Es fallen grundsätzlich keine Mehrarbeitsstunden an!
5.3.1/ 14	Für Erfolge werden alle Mitarbeiter belohnt!

5.3.2 Der kooperative (demokratische) Führungsstil

Der kooperative Führungsstil, häufig auch als demokratischer Führungsstil bezeichnet, gilt mittlerweile als der modernste Führungsstil in der heutigen Arbeitswelt. Hierbei arbeiten die Führungskraft und seine Mitarbeiter sehr eng zusammen. Dieser Führungsstil verbindet drei wichtige Eckpfeiler des heutigen modernen Arbeitslebens miteinander:

- Kooperation
- Zusammenarbeit
- Teamwork

Bei einem kooperativen Führungsstil versteht es die Führungskraft, ihre mit unterschiedlichen Kompetenzen ausgestatteten Mitarbeiter durch eine offene Kommunikation untereinander und mit gemeinsam definierten Zielen so zu fördern, dass der Erfolg eines Prozesses vorgegeben ist. Eine kooperative Führungskraft wertschätzt ihre Mitarbeiter und gibt ihnen volles Vertrauen.

Das daraus resultierende positive Betriebsklima lässt Eigeninitiative der Mitarbeiter nicht nur zu, es ist sogar ausdrücklich erwünscht. Eine Führungskraft mit diesem Führungsstil erwartet allerdings auch, dass von den Mitarbeitern im Konfliktfall uneingeschränkte Unterstützung erfolgt. Aufgrund der vielen Freiheiten der Mitarbeiter sollte eine kooperativ ausgerichtete Führungskraft willensstark und durchsetzungsfähig sein. Neue Erkenntnisse haben ergeben, dass ein kooperativer Führungsstil vorrangig in jungen Unternehmen zur Anwendung kommt, die Verbindungen zum politischen, demokratischen Umfeld besitzen.

ZIEL(E) des kooperativen Führungsstils:

- Lösungen einvernehmlich innerhalb des Teams finden.
- Entscheidungen gemeinsam vertreten.
- Die Motivation und das Engagement der Mitarbeiter ständig steigern.

VORTEIL(E) des kooperativen Führungsstils:

- Die Führungskraft erkennt durch ihre Offenheit das Potenzial eines jeden Mitarbeiters.
- Mitarbeiter fühlen sich im Team wohl. Teamarbeit ist die Normalität.
- Es entstehen immer wieder Räume für neue Ideen und Lösungen.

➢ Die Identifikation der Mitarbeiter zum Unternehmen wird gesteigert.
➢ Mitarbeiter spüren die Wertschätzung.

NACHTEIL(E) des kooperativen Führungsstils:

➢ Die Entscheidungsfindung kann zwar langsamer erfolgen, das Ergebnis ist allerdings optimal.
➢ Die Menge an Ideen und Meinungen kann zu Spannungen im Team führen.
➢ Die Führungskraft muss neben einer Menge Geduld ein hohes Durchsetzungsvermögen gegenüber den Teammitgliedern besitzen, ohne aber gleichzeitig als autoritär betrachtet zu werden.

5.3.2.1 Fragen und Antworten als Beispiel eines kooperativen Führungsstils

Nachfolgend werden Ihnen fünf Fragen und jeweils zwei bzw. drei Möglichkeiten einer Antwort vorgegeben. Nur eine dieser Antworten ist allerdings korrekt. Kreuzen Sie die Ihrer Meinung nach richtigen Antworten an und notieren Sie die entsprechenden Kennziffern. Die richtigen Antworten zum Vergleich finden Sie im Kapitel 5.4.

1. Frage: Was ist das herausstechende Merkmal eines kooperativen Führungsstils?

Kennziffer	Antworten
5.3.2 / 01	Die kooperative Führungskraft ist alleinentscheidend!
5.3.2 / 02	Es bestehen klare Regeln innerhalb eines Prozesses!
5.3.2 / 03	Mitarbeiter erhalten ein hohes Mitspracherecht in den Prozessen!

2. Frage: Welchen Vorteil weist ein kooperativer Führungsstil auf?

Kennziffer	Antworten
5.3.2 / 04	Durch das Mitspracherecht der Mitarbeiter werden keine Entscheidungen getroffen!

5.3.2 / 05	Die Wertschätzung durch die Führungskräfte steigert die Motivation der Mitarbeiter!
5.3.2 / 06	Die Mitarbeiter fürchten bei Fehlern Sanktionen durch den Vorgesetzten!

3. Frage: Welchen Nachteil kann der kooperative Führungsstil mit sich bringen?

Kennziffer	**Antworten**
5.3.2 / 07	Viele Meinungen und Ideen können zu Spannungen unter den Mitarbeitern führen!
5.3.2 / 08	Es gibt keinen Nachteil!
5.3.2 / 09	Die Mitarbeiter sind motiviert!

4. Frage: Ein kooperativer Führungsstil wird hauptsächlich in jungen Unternehmen umgesetzt. Ist diese Aussage richtig?

Kennziffer	**Antworten**
5.3.2 / 10	Nein!
5.3.2/ 11	Ja!

5. Frage: Was ist die wichtigste Voraussetzung, um ein Unternehmen kooperativ zu führen?

Kennziffer	**Antworten**
5.3.2 / 12	Das Unternehmen muss weniger als 50 Mitarbeiter beschäftigen!
5.3.2 / 13	Die Mitarbeiter müssen demokratisch über die Einführung abstimmen!

5.3.2/ 14	Es muss ein gegenseitiges Vertrauen zwischen Führungskraft und Mitarbeitern bestehen!

5.3.3 Laissez-faire-Führungsstil

Bei einem Laissez-faire-Führungsstil wird von der Führungskraft weitestgehend auf ein Eingreifen in einen Prozess verzichtet. Dieser Führungsstil stellt die Selbstständigkeit von Mitarbeitern in den Vordergrund, insbesondere dann, wenn von den Mitarbeitern eine umfangreiche Kreativität gefordert wird. Dabei sind die Mitarbeiter nicht an feste Regeln gebunden, treffen Entscheidungen selbst und kontrollieren sich auch innerhalb des Teams. Der Gestaltungsspielraum seines Arbeitsumfeldes ist somit jedem Mitarbeiter selbst überlassen.

ZIEL(E) des Laissez-faire-Führungsstils:

- Übertragung von direkter Verantwortung an die Mitarbeiter.
- Steigerung der Kreativität der Mitarbeiter.
- Mitarbeitern wird die Möglichkeit gegeben, Kenntnisse anderer Teammitglieder zu erlernen und selbst umzusetzen. So sammeln sie direkte Berufserfahrung.

VORTEIL(E) des Laissez-faire-Führungsstils:

- Durch Förderung der selbstständigen Arbeit können Mitarbeiter zufrieden ihrem Job nachgehen.
- Die Mitarbeiter können eigene Erfahrungen direkt in den Prozess einbringen.
- Jeder Mitarbeiter trägt zur positiven Teamumgebung bei.
- Jedes Team ist in der Lage, sein eigenes Arbeitsumfeld zu schaffen.
- Führungskräfte können sich ausschließlich mit strategischen Aufgaben beschäftigen.

NACHTEIL(E) des Laissez-faire-Führungsstils:

- Fehlendes Feedback kann die Motivation negativ beeinflussen.
- Durch das fehlende Rollenbewusstsein wird die Position der Führungskraft abgewertet.
- Der Führungsstil kann durch Mitarbeiter zum eigenen Vorteil ausgenutzt werden.
- Die Funktion einer Führungskraft könnte abgewertet werden.

➢ Führungskräfte können sich ihrer eigentlichen Führungsverantwortung entziehen.

5.3.3.1 Fragen und Antworten als Beispiel eines Laissez-faire-Führungsstils

Nachfolgend werden Ihnen fünf Fragen und jeweils zwei bzw. drei Möglichkeiten einer Antwort vorgegeben. Nur eine dieser Antworten ist allerdings korrekt. Kreuzen Sie die Ihrer Meinung nach richtigen Antworten an und notieren Sie die entsprechenden Kennziffern. Die richtigen Antworten zum Vergleich finden Sie im Kapitel 5.4.

1. Frage: Was ist das herausstechende Merkmal eines Laissez-faire-Führungsstils?

Kennziffer	Antworten
5.3.3 / 01	Die Mitarbeiter wählen ihre Führungskräfte aus der Mitte der Teams!
5.3.3 / 02	Die Mitarbeiter können eigene Erkenntnisse und eigenes Wissen direkt in den Prozess einbringen!
5.3.3 / 03	Es wird auf Einhaltung der Pausen geachtet!

2. Frage: Welchen Vorteil weist ein Laissez-faire-Führungsstil aus?

Kennziffer	Antworten
5.3.3 / 04	Mitarbeiter sammeln direkte Berufserfahrung!
5.3.3 / 05	Die Führungskraft fungiert im Team als „Springer“!
5.3.3 / 06	Die Mitarbeiter können zwar Einfluss auf den Prozess nehmen, aber sind nicht entscheidungsfähig!

3. Frage: Welchen Nachteil kann der Laissez-faire-Führungsstil mit sich bringen?

Kennziffer	Antworten
5.3.3 / 07	Jeder Mitarbeiter kann machen, was er will!
5.3.3 / 08	Die Funktion einer Führungskraft kann abgewertet werden!
5.3.3 / 09	Mitarbeiter überziehen die Pausenzeiten!

4. Frage: Bei einem Laissez-faire-Führungsstil wird den Mitarbeitern ein hohes Maß an Vertrauen geschenkt. Ist diese Aussage richtig?

Kennziffer	Antworten
5.3.3 / 10	Ja!
5.3.3/ 11	Nein!

5. Frage: Was verlangt die Umsetzung des Laissez-faire-Führungsstils von der Unternehmensführung?

Kennziffer	Antworten
5.3.3 / 12	Längere Pausenzeiten für die Mitarbeiter!
5.3.3 / 13	Häufiger ein Betriebsfest abhalten!
5.3.3/ 14	Übertragung von direkter Verantwortung an die Mitarbeiter!

5.4 LÖSUNGEN ZU DEN FRAGEN IN DEN KAPITELN 5.3.1-5.3.3

Vergleichen Sie nun Ihre notierten Kennzahlen zu den Fragen aus den Kapiteln 5.3.1-5.3.3.

5.2.1 Hierarchischer Führungsstil	
Frage	**Lösung**
1	5.3.1 / 01
2	5.3.1/ 06
3	5.3.1 / 08
4	5.3.1 / 11
5	5.3.1 / 12

5.2.2 Kooperativer Führungsstil	
Frage	**Lösung**
1	5.3.2 / 03
2	5.3.2 / 05
3	5.3.2 / 07
4	5.3.2/ 11
5	5.3.2/ 14

5.2.3 Laissez-faire-Führungsstil	
Frage	**Lösung**
1	5.3.3 / 02
2	5.3.3 / 04
3	5.3.3 / 08
4	5.3.3 / 10
5	5.3.3/ 14

Richtig: .... von 15 Fragen Falsch: .... von 15 Fragen

5.5 DER SITUATIVE FÜHRUNGSSTIL

Wenn Sie die bisher dargestellten Führungsstile genau betrachten, wird jetzt vermutlich bei Ihnen folgende Frage aufkommen: „Kann bei der Vielzahl von Führungsstilen überhaupt ein einzelner konsequent im Ganzen umgesetzt werden?"

Mit genau dieser Frage beschäftigte sich in mehreren Forschungsprojekten seit den 40er Jahren des letzten Jahrhunderts der Organisationspsychologe Fred Edward Fiedler (* 13.07.1922, † 08.06.2017). Als Ergebnis dieser Forschungen entwickelte Fiedler im Jahr 1967 die sogenannte Führungstheorie, auch als

Kontingenztheorie bezeichnet. Das entscheidende Merkmal dieser Theorie ist die Feststellung, dass ein einzelner Führungsstil niemals den unterschiedlichen Persönlichkeiten von Mitarbeitern gerecht werden kann und schlussendlich auch nicht zu einem umfassenden Erfolg führen kann. Das bedeutet aber im Umkehrschluss, dass für das Erzielen eines umfassenden Erfolges unterschiedliche Führungsstile in den unterschiedlichen Situationen eines Prozesses eingesetzt und Mitarbeiter je nach ihren individuellen Fähigkeiten, ihrem Wissensstand und ihrer Einstellung gegenüber den gestellten Aufgaben geführt werden müssen. Diesen Führungsstil bezeichnete Fiedler als „situativen Führungsstil", wobei er diesen Stil zusätzlich noch in drei Varianten aufgliederte, in den ...

- aufgabenorientierten Führungsstil (siehe Kapitel 5.6),
- mitarbeiterorientierten Führungsstil (siehe Kapitel 5.7),
- transaktionalen Führungsstil (siehe Kapitel 5.8).

Fiedler machte in seinem Ergebnis aber auch sehr deutlich, dass der Einsatz eines situativen Führungsstils nur dann sinnvoll ist, wenn die Arbeitsbedingungen verändert oder Führungskräfte anderweitig, je nach Führungspotenzial, eingesetzt werden. Eine Veränderung des Führungsstils würde gleichbedeutend mit einer Veränderung der individuellen Persönlichkeit der Führungskraft und daher nur kurzzeitig, aber nicht dauerhaft erfolgreich sein.

5.5.1 Merkmale des situativen Führungsstils

Wie bereits dargestellt, ist es beim Einsatz des situativen Führungsstils von besonderer Bedeutung, die Fähigkeiten der Mitarbeiter einzuschätzen. Dafür steht der Führungskraft eine Beurteilungs- bzw. Bewertungstechnik, das sogenannte Reifegradmodell, zur Verfügung. Mit diesem Modell werden Mitarbeiter nach bestimmten Kriterien in vier Reifegrade, in das sogenannte Commitment, eingeordnet. Auch wenn dies zuerst einmal sehr theoretisch klingt, erlaubt das Reifegradmodell in Verbindung mit den unterschiedlichen Führungsstilen, auf jede Situation bezogen (situativ) auf jeden einzelnen Mitarbeiter einzugehen und ihn entsprechend zu führen.

5.5.1.1 Reifegrad 1 (Anordnen)

Bei Mitarbeitern, die in diesem Reifegrad eingruppiert sind, muss die Führungskraft das Augenmerk auf genaue Anweisungen zum Arbeitsauftrag legen. Diese

Mitarbeiter wissen nicht oder sind zumindest unsicher, wie sie die Arbeitsaufträge fachlich und zeitlich umsetzen müssen.

Dabei muss die Führungskraft einige Besonderheiten beachten, z. B.:

Die Mitarbeiter erhalten von der Führungskraft klare Anweisungen nach einer 3-W-Regel:

1. Was beinhaltet der Auftrag?
2. Wie wird der Auftrag abgearbeitet?
3. Wann muss der Auftrag erledigt sein?

Um mit diesen Anweisungen die notwendige Akzeptanz bei den Mitarbeitern zu erzielen, muss die Führungskraft Folgendes beachten:

- Die Führungskraft muss für eine regelmäßige Kontrolle des Arbeitsfortschrittes Sorge tragen!
- Die Führungskraft darf niemals den Sinn des Auftrages zu sehr thematisieren!
- Die Führungskraft darf die Mitarbeiter nicht motivierend ansprechen (würde den klaren Anweisungen widersprechen)!

Fazit zum Reifegrad 1: Ein Mitarbeiter dieses Reifegrades muss geleitet werden. Die Führungskraft tritt dabei nicht unterstützend auf, was zum großen Teil der autoritären Führung entspricht.

5.5.1.2 Reifegrad 2 (Argumentieren)

Bei Umsetzung dieses Führungsstils werden ebenfalls genaue Anweisungen an den Mitarbeiter ausgegeben, allerdings werden diese im Detail erklärt. Dadurch soll sich der Mitarbeiter mit dem Auftrag identifizieren und dem Prozess auch zustimmen. Der Mitarbeiter hat deshalb die Möglichkeit, bei Unklarheiten nachzufragen oder aber auch eigene Vorschläge vorzubringen. Die Führungskraft sollte dabei allerdings nicht den Fehler begehen, aufgrund dieser Nachfragen generell die ursprünglichen Anweisungen zu verändern. Lediglich sinnvolle Vorschläge, die zu einem größeren Erfolg des Prozesses beitragen können, sollten in diese Anweisungen eingebunden werden. Im dann folgenden Prozess wird der Mitarbeiter durch die Führungskraft in der Umsetzung des Auftrages unterstützt. Klar bleibt aber immer: Die Entscheidungskompetenz liegt grundsätzlich bei der Führungskraft.

Fazit zum Reifegrad 2: Ein Mitarbeiter dieses Reifegrades unterliegt zwar ebenfalls strikten Anordnungen, deren Sinn aber durch die Führungskraft erklärt wird. Im nachfolgenden Prozessablauf bindet sich die Führungskraft mit leichten unterstützenden Maßnahmen ein.

5.5.1.3 Reifegrad 3 (Motivieren)

Dieser Führungsstil zeichnet sich durch die direkte Einbindung des Mitarbeiters in den Entscheidungsprozess aus. Der Mitarbeiter wird durch die Führungskraft dahingehend motiviert, eigene Entscheidungen vorzutragen und diese, nach Billigung der Führungskraft, auch umzusetzen. Dadurch soll die Eigeninitiative bzw. die Kreativität des Mitarbeiters gefördert werden. Die Entscheidungskompetenz liegt bei diesem Führungsstil gemeinsam bei der Führungskraft und dem Mitarbeiter.

Fazit zum Reifegrad 3: Die Eigeninitiative bzw. die Kreativität des Mitarbeiters wird gefördert. Die Führungskraft reagiert dabei wenig anweisend, dafür aber stark unterstützend. Die Entscheidungskompetenz liegt bei der Führungskraft und dem Mitarbeiter gemeinsam.

5.5.1.4 Reifegrad 4 (Delegieren)

Einem Mitarbeiter dieses Reifegrades wird nicht nur die Entscheidung, sondern auch die Abwicklung des Arbeitsprozesses in die eigene Verantwortung übergeben. Die Führungskraft legt einzig die Ergebnisse eines Prozesses fest. Ansonsten stärkt die Führungskraft den Mitarbeiter mit dem Vertrauen in die Qualität seiner Arbeit und daraus resultierend mit wenig Kontrollen.

Fazit zum Reifegrad 4: Die Aufgabe und die Umsetzung des Prozesses wickelt der Mitarbeiter, ohne Unterstützung der Führungskraft, in eigener Verantwortung ab. Die Aufgabe der Führungskraft liegt lediglich in der eindeutigen Zielvorgabe.

5.5.2 Vor- und Nachteile des situativen Führungsstils

Vorteile:

➢ Der Führungsstil kann individuell auf jeden einzelnen Mitarbeiter angewandt werden und ist dadurch flexibel.

➢ Mitarbeiter, insbesondere die mit geringer Berufserfahrung, können durch diesen Führungsstil individuell gecoacht und gefördert werden.

➢ Engagierte Mitarbeiter können sich durch eigene Ideen in den Prozess einbringen, dadurch wird der Grad einer persönlichen Selbstbestimmung der Mitarbeiter gestärkt.

➢ Durch die gestärkte Selbstbestimmung der Mitarbeiter wird die Führungskraft in ihrer ursächlichen Aufgabe entlastet.

➢ Die Einbindung neuer Mitarbeiter gestaltet sich durch klare Regeln bzw. Anweisungen sehr einfach.

➢ Die Führungskraft kann durchgehend sein Führungsverhalten, insbesondere bei auftretenden Problemen, analysieren und der Situation entsprechend anpassen. Ergebnisse aus einer Analyse können z. B. Antworten auf drei entscheidende Fragen sein:

- Habe ich als Führungskraft zu wenig unterstützt?
- War der Mitarbeiter mit der übertragenden Aufgabe einfach überfordert?
- Habe ich als Führungskraft zu selten Zwischenergebnisse vom Team eingefordert?

Nachteile:

➢ Die Führungskraft ist nicht in der Lage, die Selbstbestimmung jedes einzelnen Mitarbeiters richtig einzuschätzen.

➢ Durch diese falsche Einschätzung können einzelne Mitarbeiter benachteiligt werden, was unweigerlich zu unnötigen Spannungen im Team führt.

➢ Die Führungskraft kann aus vergangenen Erfahrungen Vorurteile gegenüber Mitarbeitern haben und daher kein Teamspirit erzeugen.

➢ Mitarbeiter können aus persönlichen Beziehungen heraus bevorzugt werden. Das sorgt unweigerlich für Spannungen im Team.

➢ Die Selbstbestimmung der Mitarbeiter und die daraus resultierenden Entscheidungen werden im Nachhinein durch die Führungskraft außer Kraft gesetzt und neu formuliert.

➢ Einseitige Neuformulierungen von Entscheidungen durch die Führungskraft erzeugen bei den Mitarbeitern Frust und Ärger.

5.5.2.1 Beispiel eines situativen Führungsstils

Für dieses zugegeben idealtypische Beispiel schlüpfen Sie als Leser dieses Buches jetzt selbst in eine verantwortliche Führungsrolle: Sie sind nicht nur Handwerksmeister, sondern auch Inhaber eines neugegründeten kleinen Handwerksbetriebes und Chef von insgesamt 15 Mitarbeitern. Diese spiegeln das gesamte Spektrum von Mitarbeitern wider: Vom „alten Hasen" bis zum „Azubi" ist alles vertreten.

Als Unternehmer setzen Sie sich für den Erfolg Ihres Betriebes u. a. zwei wichtige Ziele:

1. Aus dieser „Truppe" ein homogenes Team zu bilden, um ...

2. ... mit diesem Team erfolgreich und ohne Probleme arbeiten zu können.

Um diese Ziele zu erreichen, wollen Sie Ihre Mitarbeiter individuell behandeln, also situativ führen. Sie beschäftigen sich zuerst mit jedem einzelnen Mitarbeiter, indem Sie mit einer rein berufsbezogenen Analyse Ihrer Mitarbeiter beginnen. Das Ergebnis fällt folgendermaßen aus:

➢ Sie haben Mitarbeiter, die bereits länger in der Branche tätig sind und auch Führungserfahrung besitzen.
➢ Weiterhin sind einige Mitarbeiter ebenfalls schon länger in der Branche tätig, allerdings ohne Führungserfahrung.
➢ Einige Mitarbeiter haben in den letzten Jahren ihre Ausbildung abgeschlossen.
➢ Zwei Mitarbeiter beginnen bei Ihnen ihre Ausbildung.

Im nächsten Schritt führen Sie mit jedem Mitarbeiter ein Einzelgespräch, um einerseits den fachlichen Kenntnisstand zu analysieren, andererseits aber Kenntnisse über die Individualität jedes Einzelnen sammeln zu können.

Im Ergebnis nehmen Sie sich Folgendes vor:

➢ Den beiden Mitarbeitern mit Führungserfahrung übertragen Sie die Verantwortung, den technischen Ablauf im Betrieb zu übernehmen. Dazu stecken Sie für jeden Mitarbeiter einen eigenen Verantwortungsbereich ab, setzen jeweils ein Ziel

und überlassen dann beiden den Rest. Sie erwarten von beiden, lediglich in dringenden Notfällen auf den neuesten Stand der Arbeit gebracht zu werden.
In Abstimmung mit beiden Führungskräften geben Sie ...

- ... den unerfahrenen Mitarbeitern klare Aufgaben vor, erwarten aber ein ständiges Feedback über berufliche Fortschritte, um diese ggf. mit externen Fortbildungen noch zu fördern. Sie erklären diesen Mitarbeitern, dass Sie für Fragen oder Problemlösungen immer zur Verfügung stehen.
- Die Ausbildung der beiden Azubis legen Sie in die Hände der beiden erfahrenen Mitarbeiter. Um über die Fortschritte der Azubis ständig informiert zu sein, legen Sie bereits vierteljährliche Entwicklungsgespräche fest, die mit Ihnen, den erfahrenen Mitarbeitern und den Azubis geführt werden. Auch den Azubis erklären Sie, dass Sie jederzeit für Fragen oder Problemlösungen zur Verfügung stehen.

5.6 DER AUFGABENORIENTIERTE FÜHRUNGSSTIL

Bei dem aufgabenorientierten Führungsstil richtet sich der Schwerpunkt ausschließlich auf die Leistung der Mitarbeiter und die Zielerreichung des Prozesses mit möglichst geringem Aufwand. Obwohl mit diesem Führungsstil individuell auf jeden einzelnen Mitarbeiter eingegangen wird, steht im Vordergrund immer der klare, straffe Arbeitsauftrag. So kann es nötig sein, leistungsschwächere Mitarbeiter während des Prozesses ggf. zu rügen, aber auch ausdrücklich anzuspornen, damit sie sich dem Leistungsstand des restlichen Teams wieder anpassen können. Langsame Arbeit allerdings, gleich in welcher Form und zu welchem Zeitpunkt innerhalb des Prozessablaufs, kann nicht geduldet werden. Sollte die Führungskraft dies erkennen, muss umgehend auf den oder die Mitarbeiter Druck ausgeübt werden. Dies ist insofern nötig, damit der Ablauf des Prozesses nicht gefährdet, sondern wieder beschleunigt wird. Über allem steht die Erfüllung des Prozessziels!

Die doch recht unterschiedlichen Reaktionen der Führungskraft sind bei dem aufgabenorientierten Führungsstil verständlich und völlig normal, solange sie ausschließlich auf der Sachebene erfolgen. Im Vordergrund dieses Führungsstils stehen daher die Planung, die Umsetzung und die Termineinhaltung eines Auftrages.

Wie reagieren aber Mitarbeiter auf diesen Führungsstil? Vermutlich völlig emotionslos! Das zeigt sich u. a. daran, dass sie nicht durch eine innerliche (intrinsische) Motivation bei der Umsetzung des Auftrages angetrieben werden, sondern eher durch eine äußerliche (extrinsische) Motivation begeistert werden können.

Der Fokus einer äußerlichen Motivation liegt dabei ausschließlich auf dem persönlichen Verdienst und wird wohl nur durch eine Lohn- / Gehaltserhöhung gesteigert werden.

Dadurch zeigt sich auch der große Nachteil dieses Führungsstils: die Demotivation der Mitarbeiter. Durch den klaren, straffen Arbeitsauftrag können die Mitarbeiter nur sehr eingeschränkt und unselbstständig ihren Aufgaben nachgehen. Das bedeutet im Umkehrschluss zwangsläufig eine Minimierung der innerlichen Motivation. Wenn jetzt noch schlechte Leistungen durch die Führungskraft gerügt werden, gleichzeitig eine persönliche Leistungssteigerung erwartet wird, findet sich der Mitarbeiter in einem Sog negativer Erfahrungen und die Motivation des Mitarbeiters bewegt sich dadurch restlos „in den Keller". Die Demotivation wäre damit vollendet!

Fazit: Der aufgabenorientierte Führungsstil sollte ausschließlich von sehr erfahrenen Führungskräften angewandt werden, die stets einen erfahrenen Blick auf die innere Verfassung der Mitarbeiter werfen können und ggf. durch „Streicheleinheiten" verhindern, dass die Mitarbeiter in die Demotivation abgleiten. Das wäre für den Erfolg eines Prozesses absolut kontraproduktiv. Dieser Führungsstil ähnelt sehr stark dem hierarchischen (autoritären) Führungsstil.

5.6.2 Vor- und Nachteile des aufgabenorientierten Führungsstils

Vorteile:

- Konzentration auf die Einhaltung des Termins.
- Schrittweise Suche nach Lösungen, um das Ziel zu erreichen.
- Ständige Suche nach Arbeitserleichterungen.
- Verwendung von Zeitplänen.

Nachteile:

- Kein Augenmerk auf das Wohlergehen der Teammitglieder.
- Hohes Risiko auf mangelhaftes Verhalten der Mitarbeiter.
- Kompetenzstreitigkeiten.

5.6.2.1 Beispiel eines aufgabenorientierten Führungsstils

Besondere Anmerkung Die folgende Ausgangssituation bildet auch die Grundlage für die Beispiele in den Kapiteln 5.7.1.1 und 5.8.1.1.

AUSGANGSSITUATION ZU BEGINN DES MONATS:

In einem Immobilienunternehmen sitzen in einem gemeinsamen Büro die Mitarbeiter Klaus, Wolfgang und Lorenz. Sie beginnen ihren Arbeitstag jeweils um 8:00 Uhr und beenden ihn um 16:30 Uhr. Dazwischen nehmen Sie eine Mittagspause von 12:00 Uhr bis 12:30 Uhr. Das Aufgabenfeld besteht für die Dauer von drei Monaten in der elektronischen Datenerfassung aller alten Mietverträge in ein neues DV-Programm. Als Arbeitspensum pro Tag sind als Eingabe-Soll 20 Mietverträge vorgegeben.

AUSGANGSSITUATION AM ENDE DES MONATS:

- Klaus hat das vorgegebene Arbeitspensum des Monats erreicht. Die Führungskraft sprach mehr als einmal ein Lob aus und musste zu keiner Zeit Unterstützung leisten.
- Wolfgang hat das vorgegebene Arbeitspensum auch erreicht. Die Führungskraft musste aber einige Male direkt eingreifen und ihn an seine bekannte Leistungsfähigkeit erinnern.
- Lorenz hat das vorgegebene Arbeitspensum des Monats unterschritten. Die Mahnungen und Rügen durch die Führungskraft haben leider nicht zu dem gewünschten Erfolg geführt.

MAßNAHMEN DER FÜHRUNGSKRAFT AM ENDE DES MONATS:

- Klaus erhält ein besonderes Lob durch seine Führungskraft und als Prämie einen lukrativen Einkaufsgutschein.
- Wolfgang erhält ein Lob seiner Führungskraft, die darauf hinweist, wie er sich in schwierigen Situationen wieder begeistern konnte.
- Lorenz erhält zwar kein direktes Lob, wird aber durch das Vertrauen motiviert, das ihm die Führungskraft entgegenbringt. Die Führungskraft ist sich sicher, dass Lorenz zum kommenden Monatsende das Arbeitspensum erfüllen wird, mahnt aber

gleichzeitig an, welche Konsequenzen ein erneutes Unterschreiten des Arbeitspensums zur Folge haben könnte.

5.7 DER MITARBEITERORIENTIERTE FÜHRUNGSSTIL

Im Gegensatz zum aufgabenorientierten Führungsstil liegt bei diesem Stil der Schwerpunkt ausschließlich auf den Bedürfnissen der einzelnen Teammitglieder. Sie werden als gleichberechtigte Mitarbeiter betrachtet, denen man Respekt und Achtung zollt. Innerhalb des Prozessablaufs besteht eine verstärkte Kommunikation und sie erfahren Unterstützung durch die Führungskraft und werden immer wieder angeregt, Verantwortung im Ablauf des Prozesses zu übernehmen. Anders als bei der aufgabenorientierten Mitarbeiterführung wird nur in den seltensten Fällen mit Druck oder Kritik geführt, eher mit Lob und Aufmunterung.

Dies hat zwangsläufig andere Auswirkungen auf die Motivation der Mitarbeiter. Sie sind durchgängig zufriedener bei der Arbeit als ihre Kollegen, die aufgabenorientiert geführt werden. Die Arbeit innerhalb des Prozesses erzeugt mehr Freude als Frust und auftretende Schwierigkeiten werden unkomplizierter bewerkstelligt. Sie überzeugen eher durch eine innerliche (intrinsische) Motivation als durch eine äußerliche (extrinsische) Motivation. Lob und Anerkennung werden bei diesen Mitarbeitern höher bewertet als finanzielle Anreize.

Fazit: Der mitarbeiterorientierte Führungsstil sollte ebenfalls nur von erfahrenen Führungskräften angewandt werden, die allerdings darauf achten müssen, den Faktor Lob nicht zu überreizen. Den Mitarbeitern muss allerdings die Sinnhaftigkeit ihrer Arbeitsaufgabe deutlich und vor allem verständlich gemacht werden. Dann erwarten sie auch keine Lohn- bzw. Gehaltskürzungen. Dieser Führungsstil ähnelt sehr stark dem kooperativen Führungsstil.

5.7.1 Vor- und Nachteile des mitarbeiterorientierten Führungsstils

Vorteile:

- Hohes Engagement und Motivation.
- Entscheidungen werden gemeinsam im Team getroffen.

Nachteile:

- Fehlende Durchsetzungskraft der Führungskraft.
- Ergebnisse können unzureichend ausfallen.

5.7.1.1 Beispiel eines mitarbeiterorientierten Führungsstils

AUSGANGSSITUATION ZU BEGINN DES MONATS:

- Siehe Kapitel 5.6.2.1

AUSGANGSSITUATION AM ENDE DES MONATS:

- Klaus hat das vorgegebene Arbeitspensum des Monats erreicht. Die Führungskraft hat mit ihm gezielt kommuniziert und ihn in seiner Einstellung zur Arbeit bestärkt.
- Wolfgang hat das vorgegebene Arbeitspensum des Monats ebenfalls erreicht, allerdings musste die Führungskraft mit ihm häufiger kommunizieren und ihn auch fachlich unterstützen.
- Lorenz hat das vorgegebene Arbeitspensum des Monats trotz Unterstützung durch die Führungskraft nicht erreicht.

MAẞNAHMEN DER FÜHRUNGSKRAFT AM ENDE DES MONATS:

- Klaus erhält ein besonderes Lob durch die Führungskraft.
- Wolfgang wird ebenfalls gelobt, aber gleichzeitig auf die Sinnhaftigkeit seiner Aufgabe eingeschworen.
- Lorenz wird durch die Führungskraft ermuntert, im kommenden Monat leistungsstark aufzutreten. Die Führungskraft sagt ihm eine umfangreiche Unterstützung zu.

5.8 DER TRANSAKTIONALE FÜHRUNGSSTIL

Wie an dem Begriff ersichtlich, steht bei diesem Führungsstil eine „Transaktion“ (Handel) im Vordergrund. Bei dieser Transaktion handelt es sich um ein rein sachliches Verhältnis, bei dem den Mitarbeitern von der Führungskraft unterstellt wird, dass sie eine äußerliche (extrinsische) Motivation an den Tag legen. Einfacher erklärt: Es geht lediglich um den Austausch von Geld gegenüber einer erbrachten Leistung. Der Unterschied gegenüber dem mitarbeiterorientierten Führungsstil liegt dabei aber darin, dass diese Mitarbeiter prozentual mit ihrer höheren Leistung auch ein höheres Entgelt erhalten. Zusätzlich werden diesen Mitarbeitern Chancen für ihre berufliche Entwicklung eröffnet. Genau darauf muss die Führungskraft hinarbeiten. Dabei müssen zwei entscheidende Punkte umgesetzt werden, die von einem Mitarbeiter positiv aufgenommen werden:

1. Die Führungskraft muss den Mitarbeitern deutlich vermitteln, dass durch persönliche Anstrengungen stets eine höhere Leistung zu erwarten ist und

2. dass höhere Leistungen wiederum im direkten Verhältnis zu einem höheren Entgelt stehen.

Im umgekehrten Fall muss die Führungskraft aber auch sehr deutlich klarmachen, dass bei abfallender bzw. mangelhafter Leistung die Mitarbeiter nicht nur mit Einbußen in der Bezahlung zu rechnen haben, sondern ggf. auch gegen andere Mitarbeiter ausgetauscht werden.

Fazit: Der transaktionale Führungsstil ähnelt sehr stark dem autoritären Führungsstil, allerdings mit dem Unterschied, dass positive bzw. negative Leistung direkt mit Lohn und Gehalt in Verbindung gesetzt wird. Auch dieser Führungsstil sollte ausschließlich von erfahrenen Führungskräften umgesetzt werden. Die Gefahr besteht nämlich darin, dass sich durch die leistungsbezogenen Entgelte unterschiedliche Gruppen bilden: die „Guten" und die „Schlechten". Für die Mitarbeiter aus der „schlechten" Gruppe dürfte mit einem Entgeltverlust die Motivation definitiv „im Keller" sein. Das darf aber nicht dazu führen, dass die Mitarbeiter aus der „guten" Gruppe nun Aufgabenteile mit übernehmen und dadurch möglicherweise selbst in eine abfallende bzw. mangelhafte Leistung abrutschen. Mit einem komplett negativ motivierten Team ist kein positives Ergebnis eines Prozesses zu erreichen!

5.8.1 Vor- und Nachteile des transaktionalen Führungsstils

Vorteile:

- Mitarbeiter empfinden es als normal, für gute Leistung Belohnungen zu erhalten.
- Hohe Motivation.

Nachteile:

- Mitarbeiter empfinden es als normal, für schlechte Leistung Sanktionen ausgesetzt zu sein.
- Niedrige Motivation.

5.8.1.1 Beispiel eines transaktionalen Führungsstils

AUSGANGSSITUATION ZU BEGINN DES MONATS:

Siehe Kapitel 5.6.2.1

AUSGANGSSITUATION AM ENDE DES MONATS:

- Klaus hat das vorgegebene Arbeitspensum um 15 % übertroffen.
- Wolfgang hat das vorgegebene Arbeitspensum erreicht.
- Lorenz hat das vorgegebene Arbeitspensum um 15 % unterschritten.

MAẞNAHMEN DER FÜHRUNGSKRAFT AM ENDE DES MONATS:

- Klaus erhält sein Monatsentgelt zzgl. einer Prämie von 15 % seines Grundgehaltes.
- Wolfgang erhält sein Monatsentgelt.
- Lorenz erhält zwar auch sein Monatsentgelt, wird aber aufgrund des unterschrittenen Arbeitspensums an einen anderen Arbeitsplatz versetzt.

6. Eigenschaften einer Führungskraft

Bisher haben wir uns mit den Rollen und den Stilen einer Führungskraft auseinandergesetzt. Doch wie wird man eigentlich zur Führungskraft?

- Wird man zur Führungskraft geboren? = NEIN!
- Kann man Führung erlernen? = JA!
- Welche Eigenschaften muss man als Führungskraft aufweisen? = EINIGE!

Das sind drei spannende Fragen, auf die es drei klare Antworten gibt.

Geboren wird man sicher nicht als Führungskraft, obwohl einige psychologische Studien mittlerweile ergeben haben, dass bereits mit der Geburt gewisse charakterliche Merkmale bei jedem Menschen hinterlegt werden, die im Laufe des Lebens einen gewissen Einfluss auf die Persönlichkeitsentwicklung eines jeden nehmen.

Erlernen kann man Führung. Allerdings haben neueste Studien mittlerweile ergeben, dass ohne eigenen Antrieb niemand zur Führungskraft ausgebildet werden kann. Durch spezielle Trainingsprogramme, durch ein intensives Coaching und ggf. durch ein Mentoring können zusätzliche Fähigkeiten (siehe Kapitel 7) erlernt werden.

Grundvoraussetzungen sind für das Erlernen allerdings Talent und Willenskraft, zwei individuelle Eigenschaften. Warum aber individuell? Hat nicht jeder Mensch Talent und Willenskraft? Leider nicht! Das wird verständlich, wenn man den Begriff ›Eigenschaft‹ genauer erklärt. Bei Eigenschaften handelt es sich um individuelle Merkmale eines Menschen, die ihm eigen sind. Allerdings entwickelt jeder Mensch nicht nur unterschiedliche, sondern auch eine variable Anzahl von Eigenschaften. Genau dies macht die Individualität eines Menschen aus!

Psychologen gehen mittlerweile davon aus, dass die individuellen Eigenschaften eines Menschen bereits mit der Geburt hinterlegt sind und im Laufe des Lebens weder erlernbar noch erweiterbar und veränderbar sind. Zusätzlich wird in der heutigen Gesellschaft der Begriff ›Eigenschaften‹ immer häufiger mit dem Begriff ›Fähigkeiten‹ (siehe folgendes Kapitel 7) in Verbindung gebracht. Das ist allerdings grundsätzlich falsch! Denn anders als Eigenschaften „angeboren“ sind, können Fähigkeiten erlernt werden.

Die Summe der ererbten Eigenschaften und der erlernten Fähigkeiten ergeben aus psychologischer Betrachtungsweise die Wesensart eines Menschen. Diese Wesensart wiederum wird heutzutage als Charakter eines Menschen definiert. Gerade im Verhältnis zwischen Mitarbeitern und Führungskräften wird eine derartige Definition bei der Beurteilung einer Führungskraft umgesetzt und mit einem einzigen charakteristischen Merkmal beschrieben, z. B.: Unser Chef hat ...

... (+) einen starken Charakter.

... (-) einen schwachen Charakter.

... (+) einen standhaften Charakter.

... (-) einen wankelmütigen Charakter.

... (+) einen umgänglichen Charakter.

... (-) einen streitsüchtigen Charakter.

usw.

6.1 DIE WICHTIGSTEN EIGENSCHAFTEN EINER FÜHRUNGSKRAFT

Im vorherigen Kapitel wurde erläutert, dass Eigenschaften dem Menschen von Geburt an mit auf den Weg gegeben werden. Je mehr Eigenschaften vorhanden sind, desto erfolgreicher wird eine Führungskraft sein. Schließlich ist sie mehr oder weniger für den Erfolg einer Aufgabe, eines Prozesses oder sogar eines ganzen Unternehmens verantwortlich.

Um Erfolg zu haben, sollte eine Führungskraft nicht nur einseitig die Interessen des Unternehmens verfolgen, sondern auch die Interessen der Mitarbeiter berücksichtigen, was zwangsläufig zu einer hohen Motivation führen wird. In der Arbeitswelt gilt ursächlich eine Formel: Nur mit motivierten Mitarbeitern ist ein unternehmerischer Erfolg gesichert! Erfahrungsgemäß liegen dabei die Interessen beider Seiten, vom Unternehmen und von den Mitarbeitern, nicht unbedingt dicht zusammen. Eine gute Führungskraft muss es also verstehen, beide Interessen möglichst nahe zusammen zu bringen. Um dies zu erreichen, ist es immer hilfreich, dass eine Führungskraft möglichst viele Eigenschaften in sich trägt.

Innerhalb der modernen Psychologie gibt es mittlerweile einen eigenen Zweig, der sich anhand wissenschaftlicher Forschungen ausschließlich mit den Eigenschaften von Führungskräften beschäftigt. Diese Forschungen, allgemein auch als Führungspsychologie bezeichnet, bilden heutzutage die wissenschaftliche Grundlage einer wirksamen Mitarbeiterführung. Ergebnisse dieser Forschungen haben mehr als 50 Eigenschaften einer professionellen Führungskraft ergeben. Allerdings besitzt kein Mensch eine derart hohe Anzahl von Eigenschaften! Daher vermeidet man auch im Bereich der Mitarbeiterführung den Begriff ›professionell‹, sondern nutzt eher den Begriff ›gut‹. Nachfolgend eine Auswahl von persönlichen Eigenschaften, die Sie als Führungskraft besitzen sollten und die Sie vielleicht bei Ihnen selbst feststellen:

6.1.1 Ehrgeiz

Hierbei handelt es sich um eine sehr stark ausgeprägte persönliche Eigenschaft. Sie kann nicht nur im Berufsleben, sondern auch in vielen anderen Bereichen des Lebens förderlich sein. Denken Sie z. B. nur an Hochleistungssportler, die als Ziel vor Augen haben, in absehbarer Zeit Olympiasieger zu werden. Setzt man dies auf das Berufsleben um, haben Führungskräfte ihren Ehrgeiz bereits bewiesen. Sie wären im Normalfall nicht ohne Ehrgeiz in eine Führungsposition aufgestiegen. Unternehmen achten auch mittlerweile darauf, dass Führungskräfte nicht nur an ihrem Erfolg, sondern eher an ihrem Ehrgeiz gemessen werden.

Also Vorsicht! Ein übertriebener Ehrgeiz kann sich auch negativ auswirken. Wenn Sie z. B. Ihren Ehrgeiz in einen direkten Kontext mit Ihren beruflichen Ambitionen bringen, kann Sie dies als Führungskraft eher schwächen. Der Weg zu dieser Schwächung ist relativ einfach zu erkennen. Dabei sind die auffälligsten Wege von falschem Ehrgeiz die folgenden:

1. Sie setzen alles daran, Prozesse in eigener Verantwortung umzusetzen. Das bedeutet aber im Umkehrschluss eine Schwächung des Prozesses, da Sie den Mitarbeitern keinen Freiraum mehr gewähren und, besonders wichtig, ihnen ihre Kreativität entziehen.

2 Sie werden Ihre eigene Arbeitsleistung, anstatt der Teamleistung, hervorheben. Auch dies hat im Umkehrschluss eine Wirkung auf Ihre Mitarbeiter: Sie erfahren an einem möglichen Erfolg keine Beteiligung.

Konzentrieren Sie sich daher also eher auf einen gemeinsamen Erfolg. Dieser ist nur im Team zu erzielen und findet seine Grundlage in Ihrer Mitarbeiterführung. Vorgesetzte werden das sehr genau bewerten!

6.1.2 Wertschätzung

Grundsätzlich sollte man alle Menschen, ob im normalen Alltag oder am Arbeitsplatz, wertschätzen. Insbesondere am Arbeitsplatz ist die Wertschätzung eine wichtige Eigenschaft und schafft bei den Mitarbeitern den Grundstock für eine hohe Motivation. Mitarbeiter, die spüren, dass ihre Arbeit Anerkennung findet und sie selbst wertgeschätzt werden, fühlen sich nicht nur bei ihrer Arbeit wohl, sondern zeigen auch ein hohes Engagement. Doch wie funktioniert Wertschätzung? Sicherlich ist es nicht damit getan, Mitarbeitern nach einer erfolgreichen Arbeit auf die Schulter zu klopfen und sie in den höchsten Tönen zu loben.

Das wirkt bei den Mitarbeitern nicht nur künstlich, es ist es auch. Wertschätzung muss noch viel individueller, tiefer und weitreichender erfolgen. Aufrichtiges Wertschätzen bedeutet, den Mitarbeiter unabhängig vom Job als Ganzes, als Einzigartiges, zu sehen. Zeigen Sie nicht nur Interesse an seiner Tätigkeit bzw. an seinem Job. In einem Smalltalk ist durchaus die Frage nach seinen Zielen (beruflich oder privat) erlaubt.

Heutzutage ist wissenschaftlich bewiesen, dass Menschen, die von ihren Führungskräften wertgeschätzt werden, im Job konzentrierter arbeiten, eine gesteigerte Leistungsfähigkeit zeigen und einfach entspannter und belastbarer sind. Der Grund liegt darin, dass wertgeschätzte Mitarbeiter eine Vielzahl von Glückshormonen ausschütten, z. B.:

- Endorphine zur Belastbarkeit und Entspannung,
- Dopamin für eine weitgreifende Konzentration,
- Adrenalin für eine Leistungssteigerung.

Im Ergebnis erreichen Sie als Führungskraft mit dem Mittel der Wertschätzung ein besseres Klima im Team und eine höhere Identifikation mit dem Unternehmen.

Wenn Sie jetzt aber denken, Wertschätzung ist rein durch verbale Kommunikation vermittelbar, dann irren Sie sich gewaltig. Wertschätzung erzielen Sie ausschließlich durch die Umgangsform, gepaart mit Gestik und Mimik. Nachfolgend einige Beispiele:

6.1.2.1 Mitarbeitern physisch auf Augenhöhe begegnen

Als Führungskraft sind Sie gleichbedeutend mit jedem Mitarbeiter. Lediglich die persönliche Verantwortung für die Aufgabe ist ein Unterscheidungsmerkmal. Begegnen Sie folglich Ihren Mitarbeitern so, wie Sie es sich selbst auch wünschen würden. Das ist für manche Führungskräfte sehr schwer, da ein Teil des persönlichen Egos abgelegt werden muss.

6.1.2.2 Mitarbeitern lächelnd begegnen

Die Mimik ist mit Abstand der einfachste Weg für eine Wertschätzung. Jeder Mitarbeiter nimmt ein Lächeln auf dem Gesicht der Führungskraft als positives Zeichen auf. Jeder Mitarbeiter zeigt gegenüber knurrigen Führungskräften wenig Zuneigung.

6.1.2.3 Mitarbeiter ansprechend begrüßen

Die Form der Begrüßung ist ein entscheidender Faktor für die Wertschätzung. Ein freundliches „Guten Morgen, Herr Meyer! Nehmen Sie doch bitte Platz", klingt weitaus wertschätzender als „Morgen Meyer, setzen Sie sich".

6.1.2.4 Mitarbeiter richtig loben bzw. anerkennen

Lob, Anerkennung (und Kritik: hierzu mehr im nachfolgenden Absatz) sind wichtige, direkt auf die Motivation der Mitarbeiter einwirkende Führungsmittel. Auch bei Lob und Anerkennung haben mittlerweile Forschungen ein deutliches Ergebnis gebracht: Leistungen, die durch die Führungskraft angemessen gewürdigt werden, erzeugen eine wesentlich höhere Motivation bei den Mitarbeitern.

Als Minimum von Lob und Anerkennung würde ja schon ein kurzes „Dankeschön" oder ein Schulterklopfen direkt am Arbeitsplatz ausreichen. Doch schon bei diesem einfachen Führungsmittel zeigen sich erhebliche Schwierigkeiten bei Führungskräften. Schließlich ist es ein kurzzeitiges Verlassen seiner eigenen Hierarchiezone. Aber genau das Kommunizieren auf Augenhöhe erzeugt die gewünschte Motivation der Mitarbeiter.

Der Aspekt Augenhöhe ist auch der große Unterschied zwischen Lob und Anerkennung. Vermutlich werden Sie jetzt argumentieren: Es sind doch nur zwei unterschiedliche Worte, die Auswirkungen sind aber identisch. Falsch!

BEISPIEL LOB:
Ein Mitarbeiter hat von Ihnen den Auftrag erhalten, seinen Kollegen vor Ort die unterschiedlichen Funktionen einer neuen Kunststoffpresse zu erklären. Am nächsten Tag nehmen Sie ihn zur Seite und belobigen ihn mit folgenden Worten: „Du warst übrigens gestern bei der Erklärung der neuen Kunststoffpresse klasse. Du hast das einfach super rübergebracht!"

ERKLÄRUNG LOB:
Erstens stellen Sie sich als Führungskraft mit diesem Lob weiterhin hierarchisch über den Mitarbeiter. Auf der einen Seite stehen „Sie" als Führungskraft, auf der anderen Seite steht das „Du" für den Mitarbeiter. Die Formulierung mit dem Wort „Du" innerhalb einer Belobigung ist immer das eindeutige Zeichen einer Zweier-Ebene, dem klassischen Oben-nach-Unten-Verhältnis.

Zweitens wirkt diese Formulierung eben auch nur als einfaches Lob. Für den Mitarbeiter ist es schlichtweg nur ein Statement seines Vorgesetzten für die Erledigung eines Auftrags. Das könnte durch das Alltagsgeschäft auch schnell wieder vergessen sein!

BEISPIEL ANERKENNUNG:
Ein Mitarbeiter hat von Ihnen den Auftrag erhalten, seinen Kollegen vor Ort die unterschiedlichen Funktionen einer neuen Kunststoffpresse zu erklären. Am nächsten Tag nehmen Sie ihn zur Seite und bezeugen ihm mit folgenden Worten Ihre Anerkennung: „Deine Präsentation gestern hat mich stark beeindruckt. Nicht nur ich, auch die Kollegen waren von der Vorstellung der Maschine gefesselt. Du hast es mit einer großen Kenntnis, aber auch sehr unterhaltsam rübergebracht! Ich bin felsenfest davon überzeugt, dass deine Präsentation entscheidend dazu beitragen wird, dass diese neue Maschine unsere Leistung weiter qualifizieren wird!"

ERKLÄRUNG ANERKENNUNG:
Bei dieser Anerkennung haben Sie sofort Ihre Hierarchieebene verlassen und begegnen Ihrem Mitarbeiter auf Augenhöhe. Zudem wird die Leistung des Mitarbeiters bei der Präsentation in Verbindung mit einem erwarteten Leistungserfolg gebracht. Spätestens dann, wenn dieser Erfolg schlussendlich eintritt, wird der Mitarbeiter voller Stolz an Ihre Anerkennung zurückdenken. Mehr Motivation geht nicht!

6.1.2.5 Mitarbeiter kritisieren

Niemand mag gerne kritisiert werden, aber leider lässt es sich nicht immer vermeiden. In einem derartigen Fall sind Sie als Führungskraft besonders gefordert, denn Kritik ist heutzutage nicht mehr ein Mittel, Druck zu verteilen, sondern eher ein Mittel der Motivation von Mitarbeitern. Das klingt zunächst erst einmal richtig verrückt, ist aber bei näherer Betrachtung auch wieder sehr plausibel. Gehen wir zuerst einmal von der Variante Druck aus. Folgendes Beispiel hat vielleicht jeder von Ihnen schon einmal so oder in ähnlicher Form selbst erlebt.

BEISPIEL: Sie erhalten einen Anruf aus dem Sekretariat Ihres Chefs. Die Sekretärin fordert Sie in einem harschen Ton auf, sofort beim Chef „anzutanzen". Sie betreten nach kurzer Zeit das Büro, in dem Ihr Chef bereits mit leicht rotem Kopf auf Sie wartet. Ohne förmliche Begrüßung werden Sie lautstark mit einem Problem konfrontiert, dass in Ihrem Arbeitsteam aufgetreten ist:

„Meier, was ist denn in Sie gefahren? Was fällt Ihnen ein, die Formpresse für die Gerätehauben kurzfristig abzuschalten? Ist Ihnen klar, dass dadurch der nachfolgende Prozess ins Stocken geraten ist? Ist Ihnen bewusst, dass wir dadurch die Auslieferung der Maschinen nicht mehr termingerecht durchführen konnten? Wissen Sie eigentlich, welchen Verlust wir dadurch erlitten haben?"

Es erübrigt sich, darauf hinzuweisen, dass der Mitarbeiter alles andere als motiviert aus diesem Gespräch an seinen Arbeitsplatz zurückkehrt.

FAZIT:

Was ist hier schiefgelaufen? Eigentlich alles!

1. Der eintretende Mitarbeiter wird von der Führungskraft, in diesem Fall vom Chef, nicht ansatzweise förmlich begrüßt.

▹▹ Das klassische Merkmal fehlender Wertschätzung. ◃◃

2. Das Auftreten der Führungskraft, in diesem Fall des Chefs, ist durchgehend geprägt von lautstarken, persönlichen Vorwürfen.

▹▹ Übertriebene Lautstärke ist der „Killer" jeglicher Kommunikation. ◃◃

3. Innerhalb dieses Wutausbruches werden ausschließlich Fragen (insgesamt fünf) formuliert, die der Mitarbeiter nicht beantworten kann, da er auf dieses Gespräch nicht vorbereitet ist. Er kommt gar nicht zu Wort!

▹▹ Fragen bedeuten, dass sich der Vorgesetzte nicht oder nur mäßig über diesen Vorfall informiert hat. ◃◃

4. Dem Mitarbeiter wird direkt vorgeworfen, dass durch sein falsches Verhalten ein erheblicher Schaden verursacht wurde.

▹▹ Die Verantwortung für den gesamten Ablauf eines Prozesses hat stets die Führungskraft, nie der Mitarbeiter. ◃◃

Anhand dieses Beispiels können Sie erkennen, dass eine Führungskraft viel Fingerspitzengefühl besitzen muss, um Kritik sachlich und vor allem völlig emotionsfrei anzubringen. Dafür stehen Ihnen als Führungskraft zwei besondere Hilfsmittel zur Verfügung: das Kritikgespräch und das Zielvereinbarungsgespräch.

Wie ein Kritikgespräch erfolgreich geführt wird, wie es aufgebaut ist und welche Fehler Sie vermeiden sollten, erfahren Sie im Kapitel 8.3.

Informationen zu einem Zielvereinbarungsgespräch erhalten Sie im Kapitel 8.4.

6.1.2.6 Kritik niemals delegieren

Natürlich stehen Sie als Führungskraft unter einem erheblichen Druck. Da kommt es häufig passend, gewisse Aufgaben an geeignete Mitarbeiter zu delegieren. Schließlich kann man derartige Maßnahmen auch als Förderung von Mitarbeitern betrachten. Sie müssen allerdings beachten, dass es Aufgaben gibt, die Sie schon aufgrund Ihres Verantwortungsbereichs nicht delegieren dürfen. Kritik an Mitarbeitern ist grundsätzlich ein Thema einer Führungskraft. Vier Gründe unterstreichen diese Aussage eindeutig:

➢ Sie können nicht einschätzen, wie Ihre Kritik durch Übermittlung eines Dritten dem Mitarbeiter mitgeteilt wird. Es ist nicht nur eine Erkenntnis, dass Kommunikation zwischen Menschen immer das Risiko des Vergessens oder Veränderns birgt, es ist auch bewiesen, dass übermittelte Nachrichten (in diesem Fall Kritik) beim Empfänger stets anders ankommen. Es wird vergessen, ergänzt und eine neue Aussage weitergegeben.

➢ Können Sie beim Delegieren von Kritik sicher sein, dass Ihr „Bote“ überhaupt den richtigen Mitarbeiter anspricht? Vielleicht ist dieser Mitarbeiter gerade nicht erreichbar. Da könnte der „Bote“ schnell auf den Gedanken kommen, einem anderen Mitarbeiter oder, noch gravierender, dem gesamten Team diese kritische Mitteilung zu überbringen.

➢ Kritik sollte immer in eine Ursachenforschung übergehen. So könnten z. B. folgende Fragen aufkommen:

- Warum ist dieser Fehler / dieses Problem überhaupt entstanden?
- Wie kann man diesen Fehler / dieses Problem zukünftig vermeiden?
- Konnte der Mitarbeiter diesen Fehler / dieses Problem überhaupt verhindern?

Drei Fragen, die nur Sie allein, eventuell mit dem kritisierten Mitarbeiter, klären können. Abgesehen davon, dass eine dritte Person hiermit absolut überfordert wäre, gehört die Klärung dieser Fragen explizit in Ihren Verantwortungsbereich.

➢ Nach Übermittlung der Kritik durch eine dritte Person können Sie nicht sicher sein, dass an der Vermeidung dieses Fehlers / dieses Problems gearbeitet wird, um ein erneutes Auftreten zu verhindern.

6.2 KOMPETENZ

Wenn man von Kompetenz bei einer Führungskraft spricht, meint man eigentlich fünf eigenständige Kompetenzbereiche. Diese müssen aber von ihrer Wertigkeit differenzierter betrachtet werden. Kompetenz unterscheidet sich gravierend, da sie stark abhängig ist von der hierarchischen Stellung und der daraus resultierenden Aufgabenstellung einer Führungskraft. Betrachten wir zum Beispiel einmal eine große Aktiengesellschaft. Dort findet man eine Vielzahl von Führungskräften mit unterschiedlichen Aufgabenstellungen, z. B. den Vorstandsvorsitzenden der Aktiengesellschaft oder den Teamleiter innerhalb der Fertigung. Obwohl beide alle fünf Kompetenzbereiche beherrschen sollten, dürfte die Kompetenz des Vorstandsvorsitzenden anders gelagert sein als die des Teamleiters.

Die fünf Kompetenzbereiche einer Führungskraft können Sie dem Schaubild entnehmen. Zusammengeführt werden diese Kompetenzen innerhalb der Mitarbeiterführung als Handlungskompetenz bezeichnet. Alle fünf Kompetenzen werden nachfolgend noch einmal im Detail behandelt.

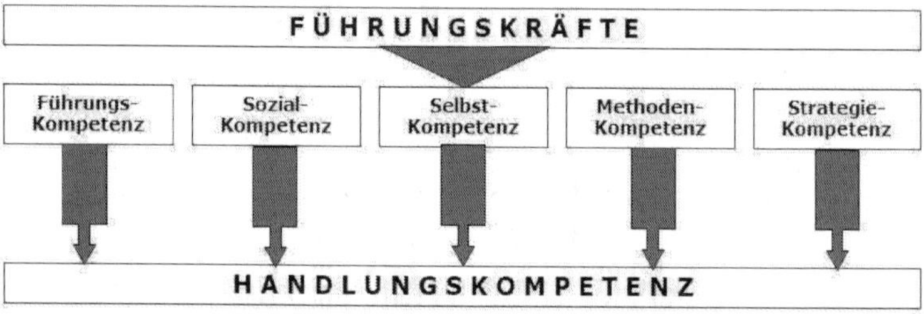

6.2.1 Führungskompetenz

Betrachtet man diese Eigenschaft einer Führungskraft rein wissenschaftlich, erhält man Erklärungen, die alles andere als Kompetenz beschreiben. Bei Wikipedia findet man z. B. folgende Erklärung:

> „Führungskompetenz ist die Fähigkeit, Ziele festzulegen und das Verhalten anderer Menschen so zu beeinflussen und zu führen, dass diese Ziele in Resultate umgesetzt werden."

Betrachtet man diese Erklärung genauer, könnte man eigentlich zu der Schlussfolgerung kommen, dass alles, was bisher in diesem Buch beschrieben wurde, Schönfärberei ist. Frei „übersetzt" bedeutet die Erläuterung bei Wikipedia nichts anderes als folgende Aussage: „Ich bin der Chef, der führt, und du, als Mitarbeiter, bist gar nichts!" Das ist nichts anderes als Zwang und damit lassen sich keine Menschen erfolgreich führen.

Bei der Aussage „Ziele setzen" ist allerdings nichts verkehrt, da dies zu den grundsätzlichen Aufgaben jeder Führungskraft gehört. Das „Beeinflussen und Führen" ist ebenfalls eine Kernaufgabe einer Führungskraft, sollte aber nicht hierarchisch und, wie bereits erwähnt, mit Zwang umgesetzt werden. Hier zeigen sich schlussendlich die Kompetenz einer Führungskraft und der Wille, seine Mitarbeiter für die anstehenden Aufgaben zu begeistern und sie zu unterstützen, damit die gesetzten Ziele problemlos erreicht werden.

Unter Führungskompetenz versteht man u. a. folgende Fähigkeiten:

- Menschen zu führen und ihre Weiterentwicklung zu fördern.
- Auftretende Probleme konsequent abzuarbeiten.

- Entscheidungen zu treffen und die Mitarbeiter dafür zu begeistern.
- Vertrauen und Begeisterung zu schaffen.
- Fehler ruhig und sachlich aufzuarbeiten.

6.2.2 Sozialkompetenz

Unter der sozialen Kompetenz einer Führungskraft versteht man das Geschick, eigene Ziele mit dem Verhalten der Mitarbeiter in Einklang zu bringen, um entsprechende Erfolge zu erzielen. Wesentlicher Bestandteil der sozialen Kompetenz ist das Geschick,

- zuverlässige und belastbare Beziehungen zu den Mitarbeitern aufzubauen.
- diese Beziehungen nicht nur intensiv zu pflegen, sondern stets auszubauen.
- das Verhältnis zwischen positiven und negativen Ereignissen im Gleichgewicht zu halten.

Die Sozialkompetenz einer Führungskraft beinhaltet unterschiedliche Eigenschaften, die bereits teilweise in den vorherigen Kapiteln erläutert wurden, z. B.:

- Kritikfähigkeit
- Loyalität
- Kommunikationsfähigkeit
- Lob und Anerkennung
- Kompromissfähigkeit
- Konfliktfähigkeit

6.2.3 Selbstkompetenz

Bei der Selbstkompetenz spricht man auch gerne von der „nie fertigen Kompetenz". Das ist dadurch zu erklären, dass Führungskräfte ständig an sich arbeiten müssen, damit sie sich den persönlichen und beruflichen Veränderungen anpassen können. Diese Anpassungen erfordern einen äußerst starken Willen, da sich eine Führungskraft stets mit ihren eigenen Bedürfnissen auseinandersetzen muss. Dazu zählen u. a. die Überprüfung ihrer persönlichen Stärken, aber auch die Schwächen, die Abwägung ihrer Interessen, die tiefsten Abneigungen und, besonders wichtig, die dauerhafte Aufrechterhaltung der eigenen Motivation. Ein Mensch, der sich nicht nur mit diesen Komponenten auseinandersetzen, sondern diese auch verändern bzw. anpassen kann, ist prädestiniert für eine erfolgreiche Führungskraft und zeichnet sich durch wichtige Eigenschaften aus. Dazu gehört es u. a., ...

- selbstkritisch zu sein.
- sein Denken und Handeln stets zu hinterfragen und ggf. zu verändern.
- eigene Grenzen zu erkennen.
- eigene Fehler einzugestehen.
- anderen Menschen Vertrauen entgegenzubringen.
- sich schwierigen Situationen zu stellen.
- optimistisch, aber auch realistisch zu denken.
- tolerant mit anderen Menschen umzugehen.

6.2.4 Methodenkompetenz

Unter der Methodenkompetenz versteht man zwei Fähigkeiten einer Führungskraft: zum einen das Geschick, sich neues Wissen schnell anzueignen und dieses durch Anwendung von Arbeitstechniken bzw. Verfahrensweisen schnell einzusetzen, zum anderen die Fähigkeit, das neue Wissen strukturiert einzusetzen, umfassend auszuwerten und verständlich darzustellen. Beide Fähigkeiten sind für eine Führungskraft ohne Frage von Vorteil, allerdings in der Umsetzung stark von einigen Situationen abhängig, u. a.:

- der betrieblichen Position der Führungskraft.
- den Zielen des Unternehmens.
- den zukünftigen Planungen des Unternehmens.
- den Mitarbeitern.

Nachfolgend eine Aufstellung der gängigsten Unternehmensfelder, die ständig Veränderungen ausgesetzt sind und bei denen die Methodenkompetenz zum Einsatz kommen kann:

- Unternehmensorganisation
- Projektsteuerung
- Risikomanagement
- Innovationen
- Zielverfolgung
- Mitarbeitercoaching

6.2.5 Strategiekompetenz

Die Strategiekompetenz wird immer wieder in ihrer Wirkung unterschätzt. Doch der Begleiter von Erfolg, gleich ob privater, beruflicher oder unternehmerischer Natur, ist immer die umgesetzte Strategie. Um allerdings eine Strategie einsetzen zu können, muss diese zuerst einmal entwickelt, ggf. auch nur angepasst werden. Die strategische Kompetenz einer Führungskraft beschränkt sich allerdings nicht nur auf die Definition der Strategie, sondern erfordert weitere Eigenschaften, u. a.:

- Unternehmerische Weitsicht
- Reaktion auf Rückschläge
- Risikobereitschaft
- Langfristige Zielsetzung, ggf. Ableitung kurzfristiger Ziele
- Konsequente Umsetzung
- Umfassende Kommunikation mit anderen Bereichen
- Visionäres Denken

6.3 EMOTIONALE INTELLIGENZ

Jeder Mensch ist in seinem Wesen geprägt von Stimmungslagen, Wahrnehmungen, Gedanken und Gefühlen, seinen ureigenen Emotionen. Diese Emotionen sind nicht erlernbar. Sie sind im Inneren des Menschen verankert. Gerade im Berufsleben spielen Emotionen eine große Rolle. Denken Sie an die bekannte Aussage: „Die Emotionen sind mal wieder hochgekocht!" Stellen Sie sich jetzt einmal ein Team vor, das aus mehreren Mitarbeitern zusammengesetzt ist. Mehrere Mitarbeiter, die miteinander arbeiten, bedeuten aber im Umkehrschluss auch eine Vielzahl von Emotionen. Wenn jetzt dieses Team auf seinem Weg zum festgelegten Ziel auf Hindernisse stößt oder sich mit unerwarteten Problemen beschäftigen muss, können die Emotionen schon einmal „hochkochen". In dieser Situation ist eine fähige und gut ausgebildete Führungskraft gefragt, allerdings nicht mit ihrer fachlichen Kompetenz. Sie muss genau in diesem Moment verstehen, die Emotionen der Mitarbeiter richtig einzuschätzen, eigene Emotionen einzubinden, das Ganze zu bündeln und darauf aufbauend Lösungen zu finden, die das gesamte Team aufnehmen kann, um diese Hindernisse bzw. Probleme zu beseitigen und den Weg zum Ziel wieder motiviert einzuschlagen.

Die emotionale Intelligenz einer Führungskraft ist ausschlaggebend für eine vertrauensvolle und wertschätzende Beziehung zu Mitarbeitern und eine wichtige Basis für das Erreichen gemeinsamer Ziele.

Nun haben Sie bereits im Kapitel 6.1 gelesen, dass Eigenschaften dem Menschen angeboren und nicht erlernbar sind. Doch wo gibt es eine Führungskraft, die mit einer emotionalen Intelligenz auf diesem hohen Niveau geboren wird? Sie haben recht! Es gibt sie nicht, jedenfalls nicht in dieser Komplexität. Angeboren werden einerseits die persönlichen Emotionen, andererseits die Grundintelligenz. Jetzt muss man im Laufe des Lebens durch eigene Erfahrungen lernen, beide Eigenschaften zu verbinden. Leider schafft das nicht jeder Mensch und so gibt es eben auch Führungskräfte, die man eben nicht als professionell bezeichnen kann.

Führungskräfte, die es aber verstehen, mit ihrer emotionalen Intelligenz zu führen, überzeugen im Regelfall noch durch weitere Eigenschaften, z. B. durch ...

... Empathie.

Menschen mit einer emotionalen Intelligenz besitzen die Fähigkeit, sich in die Gefühle bzw. Gedanken anderer hineinzuversetzen. Dadurch können sie sich auf Verhaltensmuster ihrer Mitarbeiter, z. B. Körperhaltung, Tonfall oder Gestik, nicht nur einstellen, sondern aus diesen auch Rückschlüsse auf das zukünftige Verhalten dieser Mitarbeiter ziehen. Wissenschaftliche Forschungen haben mittlerweile ergeben, dass es drei Bereiche der Empathie gibt:

- die emotionale Empathie (erzeugt Mitgefühl)
Aussage als Beispiel: „Ich kann nachempfinden, was Sie fühlen und warum Sie diese Gefühle haben."
- die mentale Empathie (erzeugt rationales Verständnis)
Aussage als Beispiel: „Ich verstehe, wie Ihre Gefühle Sie beeinflussen."
- die soziale Empathie (erzeugt Gruppendynamiken, z. B. Teamgeist)
Aussage als Beispiel: „Ich verstehe, was die Gruppe denkt bzw. fühlt und wie sie sich verhält."

... Selbstbewusstsein / Selbstvertrauen.

Führungskräfte, die mit einem gesunden Selbstbewusstsein / Selbstvertrauen ausgestattet sind, strahlen dies ganz offen nach außen aus. Sie fühlen sich sehr sicher, glauben an sich und prägen so ein positives Eigenbild. Durch diese Lebensphilosophie gehen sie sehr entspannt mit Herausforderungen bzw. Problemen um, wobei sie keine Angst vor dem Unbekannten haben, sondern dieses eher als Chance zur Veränderung betrachten. Mitarbeiter betrachten Führungskräfte mit starkem Selbstbewusstsein / Selbstvertrauen als Vorbild, lassen sich von deren Verhalten mitreißen und gehen ihrer eigenen Arbeit weitaus motivierter nach.

Aber Achtung! Das Selbstbewusstsein / Selbstvertrauen muss authentisch wirken und sollte niemals vorgetäuscht werden. Mitarbeiter spüren das sehr schnell, da durch ein gespieltes Selbstbewusstsein körperliche Störungen bei dieser Führungskraft auftreten, die im Regelfall nicht unterdrückt werden können. Dazu zählen u. a. ein gerötetes Gesicht, ein trockener Mund, eine „holprige" Aussprache und allgemeine Nervosität.

... Selbstreflexion.

Bei diesem Begriff stellt sich zuallererst die Frage: „Was bedeutet überhaupt Selbstreflexion?" Vermutlich haben Sie sich mit dieser Frage noch nie beschäftigt, obwohl Selbstreflexion eine wichtige Voraussetzung ist, um Mitarbeiter erfolgreich zu führen. Ein Psychologe hätte auf diese Frage sofort die passende Antwort:

Selbstreflexion beschäftigt sich mit dem eigenen Ich!

Etwas einfacher erklärt: Reflexion ist die Sicht auf sich selbst, um herauszufinden, welche Auswirkungen das eigene Verhalten auf andere hat, und die Fähigkeit, das eigene Handeln vorausschauend und einschätzend zu betrachten. Diese Fähigkeiten werden heutzutage von Ihnen als Führungskraft erwartet. Sie sind den ganzen Tag damit beschäftigt, andere Personen, Ihre Mitarbeiter, einzuschätzen und zu beurteilen. Doch bevor Sie versuchen das Verhalten anderer zu begreifen, sollten Sie zuerst einmal sich selbst begreifen. Eine optimale Selbstreflexion hilft Ihnen aber auch dabei, aus einem Verhalten der Vergangenheit neue Erkenntnisse zu erlangen und diese in das gegenwärtige Verhalten einfließen zu lassen. Wenn Sie Ihr eigenes Verhalten so intensiv wahrnehmen, steigert das nicht nur Ihr Selbstbewusstsein bzw. Ihre Selbstsicherheit, sondern es lässt Sie auch Verhaltensmuster Ihrer Mitarbeiter einschätzen, um besser auf sie einwirken zu können.

Sie sind im Alltag nahezu den ganzen Tag nicht nur beruflich, sondern auch privat von Menschen umgeben und geprägt. Unbewusst befassen Sie sich mit Ihrem Gegenüber. Durch Ihre Selbstreflexion befassen Sie sich mit dem Verhalten Ihres Gegenübers, welches Sie subjektiv wahrnehmen bzw. verarbeiten und auf das Sie ggf. auch reagieren. Vielleicht wird Selbstreflexion an folgendem Beispiel verständlicher:

BEISPIEL: Sie sitzen gemeinsam mit anderen Führungskräften in einem Meeting. Thema ist die Einführung eines neuen Programms zur Verarbeitung von Produktionskennzahlen. Seitlich von Ihnen, nicht im direkten Blickfeld, sitzt ein Kollege, der hörbar die Nase hochzieht. Obwohl Sie ihn nicht sehen, zucken Sie bei diesem Geräusch zusammen, da Sie es als abscheulich empfinden. Im Verlauf des Meetings hören Sie dieses Hochziehen noch ein paarmal. Es nervt Sie immer mehr und vor allem so sehr, dass Sie den Beiträgen im Meeting nicht mehr folgen können. Beim Verlassen des Meetings reagieren Sie auf andere Kollegen unwirsch. Sie sind restlos froh, dass dieses Meeting beendet ist.

WAS WAR EIGENTLICH VORGEFALLEN?
Auf das hörbare Nasehochziehen reagieren Sie unbewusst, aber negativ und bewerten es als „abscheulich". Allein mit dieser Definition werten Sie das Verhalten dieses Kollegen eindeutig ab. Ihre negative Bewertung veranlasst Sie auch, auf einen weiteren Kontakt mit diesem Kollegen zu verzichten, nicht wissend, ob ein zukünftiger Kontakt zum Erfolg der Einführung des neuen Programms beitragen könnte.

WAS FÜHRTE ZU DIESER SITUATION?
Vermutlich sind Sie in Ihrer Kindheit so erzogen worden, dass Nasehochziehen als absolutes „No-Go" betrachtet wird. Wenn dann noch eine „Abwertung" dieses Verhaltens durch die Eltern vorgenommen wurde, ist dies bis zum heutigen Tag in Ihrem „Ich" verankert.

Eine gute Selbstreflexion ermöglicht es Ihnen aber, diesen Anker zu lösen / zu heben und den Weg freizumachen, über das Nasehochziehen hinwegzusehen. Sie stellen den Erfolg einer betrieblichen Neueinführung in den Vordergrund. Sie befreien sich von dem hinterlegten „No-Go" aus Ihrer Kindheit, auch wenn Nasehochziehen wirklich nicht zu den positiven Eigenschaften eines Menschen gehört.

Die Tatsache, dass Sie so reagiert haben, zeigt sehr deutlich, dass Sie Ihr „Ich" bereits in diese Richtung reflektiert haben und erlernt haben, negatives Verhalten in positive Aussichten zu verändern.

Selbstreflexion ist eine sehr wichtige Kompetenz, die Sie beruflich, aber auch privat weiterbringt. Wenn Sie es schaffen, sich selbst zu beobachten, Vorkommnisse zu analysieren und Ihre Reaktionen darauf positiv anzupassen, können Sie Ihr Team entscheidend beeinflussen. Sie verbessern nicht nur das Arbeitsklima, sondern werden auch mit hoch motivierten Mitarbeitern arbeiten können.

7. Fähigkeiten einer Führungskraft

Als Fähigkeiten werden bestimmte Verhaltensmuster bezeichnet, die man im Laufe seines Lebens erlernt. Fähigkeiten, die wir Menschen als ganz „normal" betrachten, sind z. B. der aufrechte Gang, das Lesen und Schreiben, das Sehvermögen und auch die Sprache bzw. das Reden. Weniger „normale" Fähigkeiten wären z. B. sportliche oder handwerkliche Fähigkeiten. Letztere begegnen einem tagtäglich. Sicherlich kennen auch Sie einen Menschen, der nicht in der Lage ist oder, besser gesagt, nicht die Fähigkeit besitzt, einen Nagel in die Wand zu schlagen oder aber einen Fahrradreifen aufzupumpen.

Gute Führungskräfte überzeugen durch ausgeprägte Fähigkeiten, die im Laufe des Berufslebens erlernt, aber eben nicht unbedingt von jedem beherrscht werden. Einige dieser Eigenschaften werden in den folgenden Kapiteln dargestellt.

7.1 RHETORIK

Der Begriff Rhetorik hat seinen Ursprung in dem altgriechischen Wort ‚rhètorikè', was ins Deutsche übersetzt ‚Redekunst' bedeutet. Für die alten Griechen war Sprache eine hohe Kunst. Mit einer ausgeprägten Redekunst konnten persönliche Meinungen und Ansichten, insbesondere in der politischen Landschaft, überzeugend vermittelt werden. Ein großer Redner und Staatsmann dieser Zeit war z. B. Perikles (* 490 v. Chr., † 429 v. Chr.). Mit seiner Redekunst lenkte er über Jahrzehnte die Meinung des Volkes und gestaltete so den Ausbau der Demokratie im alten Griechenland.

Auch eine Führungskraft ist jeden Tag gefordert, zu reden. Dabei kann dieses Reden eine große Spannbreite ausfüllen, angefangen von Vorträgen vor einem größeren Publikum bis zu den kleineren, sachlich zu führenden Gesprächen mit den Mitarbeitern. Das macht die Technik der überzeugenden Rhetorik so schwierig, da jede Situation einen anderen Wirkungsgrad erzielen soll. Eine gute Führungskraft sollte daher das Augenmerk nicht nur auf ihre Sprechkunst (Rhetorik) legen, sondern auch Körperhaltung, Mimik und Gestik beachten. So wird Rhetorik zu einem der wichtigsten Werkzeuge innerhalb der Mitarbeiterführung.

Das Problem liegt allerdings darin, dass Körperhaltung, Mimik und Gestik im Unterbewusstsein ablaufen und von Ihnen nur schwer unterdrückt werden können. Beispiele dieser unbewussten Reaktionen sind:

- Bei Aufregung = die aufkommende rötliche Gesichtsfärbung
- Bei persönlicher Unsicherheit = die feuchten Hände, die ununterbrochen ineinander gerieben werden
- Bei Zeitdruck = der ständige Blick auf die Uhr oder das unendliche Auf-und-ab-Gehen.

Wie können Sie aber nun Rhetorik lernen bzw. Ihre Rhetorik verbessern? Es bieten sich verschiedene Möglichkeiten an. Der einfachste, aber auch teuerste Weg wäre die Teilnahme an einem Rhetorik–Seminar. Hierfür gibt es mittlerweile sehr viele Angebote von Personal-Trainern. Alternativ können Sie auch auf Onlineseminare im Internet zurückgreifen. Allerdings sind auch diese im Regelfall nicht kostenfrei. Lehrbücher wären eine weitere Möglichkeit. Hierbei ist allerdings zu bedenken, dass nicht jeder als „Leseratte" auf die Welt gekommen ist. Bei Büchern besteht die Gefahr, dass der Kontrollmechanismus beim Lernen fehlt. Die nachhaltigste Möglichkeit wäre dagegen „Learning by self", das Lernen aus eigener Kraft.

Generell müssen Sie allerdings beim Erlernen oder Verbessern Ihrer Rhetorik, gleich ob über ein Seminar oder aus eigener Kraft, zwei Dinge berücksichtigen und diese vor allem auch umsetzen:

- Sie müssen bereit sein, Ihr eigenes Verhalten zu verändern!
- Sie müssen bereit sein, über einen längeren Zeitraum intensiv zu üben.

Nachfolgend einige Beispiele von leichten Übungen zur Verbesserung Ihrer Rhetorik.

7.1.1 Körperhaltung

Spricht man über die Rhetorik eines Menschen, bleibt meistens die Körperhaltung unberücksichtigt. Das ist aber völlig falsch. Die Körperhaltung ist eng verbunden mit der Körpersprache. In diesem Wort versteckt sich nicht umsonst das Wort Sprache. Ohne die Lippen zu bewegen, „sprechen" Sie durch Ihren Körper, besser gesagt, Sie übermitteln Informationen. Der gesenkte Kopf oder Schultern, die nach vorne gezogen sind, lassen den Rückschluss auf einen negativen Gefühlszustand zu. Dagegen vermittelt eine aufrechte Körperhaltung eher Stärke und Selbstbewusstsein.

Die Problematik beim Thema Körperhaltungen liegt allerdings darin, dass diese unterschiedlich gedeutet werden. Nachfolgend eine kleine Aufstellung zu den unterschiedlichen Interpretationen bestimmter Körperhaltungen.

	Positive Deutung	**Negative Deutung**
lachender Gesichtsausdruck	freundlich, herzlich	künstlich aufgesetzt, Maske
ernster Gesichtsausdruck	konzentriert	verärgert, ablehnende Einstellung
erhobener Kopf	aktiv, aufmerksam	provokant, trotzig
gesenkter Kopf	konzentriert, vorsichtig	unsicher, verzweifelt
offene Körperhaltung	selbstbewusst, harmonisch	respektlos, provokant
steife Körperhaltung	diszipliniert, respektvoll	ängstlich, reserviert
verschränkte Arme	gemütlich, dominierend	unsicher, ängstlich
offene Arme	entspannt, souverän	herausfordernd, missbilligend
fehlender Kontakt der Augen	konzentriert, rücksichtsvoll	unsicher, desinteressiert
vorhandener Kontakt der Augen	höflich, aktiv	aufdringlich, aggressiv

Nachfolgend werden Ihnen einige negative Körperhaltungen, aber auch einfache Übungen vorgestellt, damit Sie sich positiv präsentieren können.

7.1.1.1 Mit dem Spiegel reden

Obwohl diese Überschrift auf den ersten Blick etwas spaßig klingt, ist das Ganze sehr ernst zu betrachten. Bei dieser Übung soll nicht unbedingt die Sprache geübt werden, sondern vielmehr Ihre Ausdrucksfähigkeit und Ihr Erscheinungsbild. Was bietet sich also am besten an, um diese beiden Kriterien üben zu können? Ihr Spiegelbild! Sie können mit sich selbst reden, Sie können sich selbst beobachten und Sie können daraus eigene Rückschlüsse ziehen.

Übung: Stellen Sie sich vor einen großen Spiegel, in dem Sie sich vollständig sehen können. Betrachten Sie zuerst einmal in aller Ruhe Ihr Spiegelbild. Wie würden Sie die Wirkung auf sich selbst bewerten? Sehen Sie erschöpft bzw. müde aus oder wirken Sie eher sehr entschlossen?

Reißen Sie jetzt Ihre Arme hoch und sprechen Sie Ihr Spiegelbild sehr lautstark an: „Ich will es und ich kann es. Ich werde dich begeistern!" Fällt Ihnen in Ihrem Spiegelbild etwas Besonderes auf? Wenn nein, wiederholen Sie das Ganze nochmals und achten Sie insbesondere auf Ihre Hände.

Als Sie die Arme ein zweites Mal nach oben gerissen haben, bildeten sie jeweils eine Faust oder streckten sie sich emotionslos nach oben? Die Bildung einer Faust unterstreicht Ihre Rhetorik durch eine entsprechende Körperspannung. Sie sind offensichtlich Willens, etwas zu bewegen. Unterstützt wird Ihre Körperspannung durch die laute Sprache. Sie können lautes Sprechen nicht ausstehen? Das sollten Sie aber beherrschen!

Rhetorik lebt zum großen Teil von dem Volumen der Sprache. Es gibt Situationen, da müssen Sie zwangsläufig einen etwas lauteren Ton anschlagen, insbesondere dann, wenn ganz klare Anweisungen mitgeteilt werden müssen. Anders verhält es sich z. B. bei gemeinsamen Problemlösungen oder Hilfestellungen. In diesem Fall wollen Sie als Führungskraft unterstützend einwirken und daher ist ein leiserer Ton eher hilfreich.

Erkenntnis dieser Übung: Je nach Ursache / Vorfall sind unterschiedliche Lautstärken zur Unterstützung Ihres Erscheinungsbildes ratsam. Auf Ihre Mitarbeiter wirken Sie sowohl bei negativen als auch bei positiven „Ansprachen" authentisch und überzeugend.

Wiederholen Sie diese Übung ruhig mehrmals, am besten mit aktuellen Themen aus Ihrer Arbeitswelt. Als besondere Steigerung „ersetzen" Sie den Spiegel durch eine Ihnen bekannte Person. Sie sollten aber sicher sein, dass diese Person die Lautstärke Ihrer Worte nicht persönlich nimmt.

Der Vorteil dieser Lernmethode ist das sofortige Feedback. Nicht Sie selbst definieren ein Feedback zu Ihrem Auftritt, sondern die bekannte Person, die in diesem Fall die Rolle eines Mitarbeiters übernimmt. Sie erhalten sofort das entsprechende Feedback!

7.1.1.2 Den Körper einsetzen

Es mag Ihnen etwas merkwürdig vorkommen: Auch der menschliche Körper kann Einfluss auf die Rhetorik nehmen. Mit einer guten Körperhaltung bzw. Körpersprache werden Sie als eine selbstsichere und überzeugende Führungskraft wahrgenommen und Sie gewinnen sofort die Aufmerksamkeit Ihrer Mitarbeiter. Um Ihren Körper überzeugend einzusetzen, sollten Sie zwei Aspekte dringend befolgen:

- Stehen Sie vor Ihren Mitarbeitern niemals vorgebeugt (wirkt haltlos) oder mit hervorstehender Brust (wirkt erhaben). Stehen Sie stattdessen wie ein General vor seiner Truppe in einer aufrechten Haltung. Belasten Sie auf keinen Fall Ihr Standbein. Dadurch entlasten Sie zwar das andere Bein, riskieren aber dadurch ein Einknicken in Ihrer Hüfte. Ihre Mitarbeiter werden dies eher als Freizeitpose betrachten und Ihre Ansprache vermutlich nicht mehr so ernst nehmen.
- Stellen Sie Ihre Beine etwa schulterbreit nebeneinander (so wie der bereits erwähnte General!). Durch diese Stellung der Beine wirken Sie nicht nur größer, sondern auch kompetenter.

Nachfolgend eine kleine Übung zum Erlernen einer aufrechten Körperhaltung.

Übung 1: Sie stellen sich vor einen offenen Türrahmen und legen Ihre Hände und Arme im rechten Winkel flach auf die Türzarge. Treten Sie jetzt etwas nach vorne, sodass sich die Brust vor den Armen befindet. Sie spüren eine sanfte Dehnung, die Ihren Schulterbereich automatisch nach oben bewegt. Sie stehen jetzt gerade, fast stocksteif. Achten Sie darauf, dass Sie diesen Dehnungsvorgang nicht übertreiben. Das könnte zu unangenehmen Rückenschmerzen führen. Verharren Sie in dieser Stellung etwa 15 bis 20 Sekunden. Nach einer kurzen Lockerung wiederholen Sie diese Übung, allerdings höchstens dreimal pro Session. An den folgenden Tagen wiederholen Sie diese Übung. Nach wenigen Tagen werden Sie merken, dass Ihr Gang aufrechter wird.

Übung 2: Diese Übung haben Sie vielleicht in Kindheitstagen schon einmal spielerisch erlebt. Legen Sie ein Buch auf Ihren Kopf und gehen Sie einige Schritte durch die Wohnung. Um das Buch nicht zu verlieren, müssen Sie einerseits Kopf und Hals gerade halten, andererseits Ihren Blick nach vorne richten. Automatisch stellen sich auch Ihre Schultern auf und Sie bewegen sich in einem aufrechten Gang. Diese Übung können Sie mehrmals am Tag wiederholen.

Tipp: Diese Übung können Sie noch etwas „spannender" durchführen. Legen Sie dazu mehrere Kissen in einem entsprechenden Abstand auf den Fußboden. Nun gehen Sie mit dem Buch auf dem Kopf über diesen Parcours.

7.1.1.3 In Bewegung bleiben

Die überzeugende Nutzung Ihrer Körperhaltung sollte sich allerdings nicht auf einige Posen begrenzen. Sie sollten ein gesundes Maß an Bewegung darbieten. Verstehen Sie das aber nicht verkehrt. Sie sollen bei Ihren Ansprachen keinen Gymnastikkurs präsentieren, eher eine stille, harmonische Körperbewegung, durch die Ihre Sprache unterstützt wird. Auch wenn dies recht einfach klingt, ist die Umsetzung umso schwieriger, da der Mensch von Natur aus dazu neigt, in eingegangenen Körperstellungen länger zu verharren. Die Tipps und Übungen, die Sie nachfolgend erhalten, sind natürlich einzeln zu betrachten, sollten aber fließend in Ihre Körperhaltung / Körpersprache übergehen – nicht alle, aber je mehr, desto besser.

ÜBUNG 1: Stellen Sie mehrere Stühle nebeneinander. Setzen Sie sich auf einen Stuhl und lockern Sie sich. Stehen Sie nun mit nach oben gestreckten Armen auf und setzen Sie sich auf den nächsten Stuhl. Wiederholen Sie diese Übung mehrere Male.

ZIEL: Mit dieser Übung soll erreicht werden, dass Sie grundsätzlich Ihren Körper senkrecht, nicht eingeknickt oder vorgebeugt, bewegen. Das Ziel dieser Übung ist es, diese Körperhaltung in Ihr Unterbewusstsein einzuprägen. Einfacher ausgedrückt: Immer dann, wenn Sie vor Ihr Team treten, stehen und gehen Sie senkrecht, oder anders ausgedrückt: Sie bewegen sich überzeugend!

ÜBUNG 2:
Bei dieser Übung starten Sie ein Zirkel-Training. Vielleicht kennen Sie diese Trainingsmethode noch aus der Schule. Dort wurden im Turnunterricht mehrere Stationen aufgebaut, an denen Sie unterschiedliche Übungen durchführen mussten. So werden Sie es vermutlich zu Hause nicht umsetzen können. Die Beschwerden Ihrer Nachbarn oder Familienangehörigen wären vorprogrammiert. Aber mit zwei

Stühlen und zwei Kissen ist es auch schon getan. Stellen Sie die Stühle mit etwas Abstand hintereinander. Nun legen Sie die Kissen zwischen die Stühle.

1. Setzen Sie sich jetzt gebeugt auf den ersten Stuhl, legen Sie Ihre Hände auf Ihre Brust und atmen Sie mehrmals tief durch. Sie spüren zwar, wie sich Ihr Brustkorb auf und ab bewegt, aber auch, wie das Ein- und Ausatmen nicht in die Tiefe Ihrer Lunge vordringt. Eine völlig normale Situation, da die Lunge sich in dieser Position nicht komplett ausdehnen kann.

2. Nun stehen Sie auf und knien sich etwas gebeugt auf das jetzt folgende Kissen. Wiederholen Sie die vorherige Übung. Jetzt werden Sie feststellen, dass sich Ihre Lunge erneut nicht ganz ausdehnt.

3. Gehen Sie jetzt zum nächsten Stuhl und setzen Sie sich „kerzengerade" darauf. Ihre Arme lassen Sie dabei rechts und links hängen. Atmen Sie erneut kräftig durch. Nun werden Sie feststellen, dass sich Ihre Lunge komplett ausdehnt.

4. Jetzt wiederholen Sie diese Übung kniend, aber kerzengerade, auf dem folgenden Kissen. Auch hier wird sich jetzt Ihre Lunge komplett ausdehnen.

5. Wiederholen Sie jetzt mehrmals den kompletten Parcours, verharren Sie aber jetzt zusätzlich zwischen den einzelnen Stationen und atmen 10-mal tief und kräftig durch.

ZIEL: Mit dieser Übung sollen zwei Eigenschaften Ihrer Körpersprache gezielt aktiviert werden. Wie schon erwähnt, überzeugen Sie Ihre Gegenüber durch eine aufrechte Körperhaltung. Allerdings würde ohne eine kräftige Stimme der Effekt Ihrer Körperhaltung wieder reduziert werden. Für eine kräftige Stimme benötigen Sie aber auch eine kräftige Atmung. Nur so könnten Sie mit diesem Gesamtpaket punkten!

Im Übrigen können Sie diese Übungen auch täglich am Arbeitsplatz durchführen, ohne dass ein Mitarbeiter dies direkt mitbekommt. Meiden Sie z. B. den Fahrstuhl und nutzen Sie dafür die Treppe. Stehen Sie mal häufiger vom Schreibtisch auf und gehen Sie ein paar Schritte, gehen Sie dabei aber stets aufrecht (nicht steif!) und atmen Sie tief durch. Der Effekt wird der gleiche wie bei der Übung sein.

7.1.2 Gestik

Unter dem Begriff Gestik versteht man die Bewegungen und daraus resultierende Gebärden Ihres gesamten Körpers. Insbesondere der Bereich Ihres Kopfes (Gesicht) und die Haltung Ihrer Hände können eine eindrucksvolle Rhetorik unterstützen. Die Hände sind das äußere Zeichen Ihrer inneren Verfassung, nicht nur im Berufsleben, sondern auch im Privaten. Mit den Händen können Sie eine Menge ausdrücken. Gerade deshalb dienen Hände als perfektes Mittel der nonverbalen (nichtsprachlichen) Kommunikation. Der Einsatz von Händen innerhalb der Rhetorik ist mit einfachen Übungen erlernbar.

7.1.2.1 Wohin mit den Händen?

Vielleicht werden Sie jetzt aber sagen: „Was soll ich da denn noch alles lernen? Meine Hände sind nun mal da, wo sie sind, an meinem Körper!“ Richtig! Das bedeutet aber nicht, dass man Hände nicht dazu nutzt, um seine Rhetorik positiv zu untermalen. Nachfolgend einige typische Handbewegungen und deren Deutungen:

- Die Hände vor das Gesicht schlagen = fassungslos sein!
- Den Daumen der Hand in die Höhe strecken = Erfolg haben!
- Mit der Hand winken – Freunde / Bekannte begrüßen!
- Mit Daumen und Zeigefinger einen Kreis bilden = etwas köstlich finden!
- Hände in der Hosentasche = lustlos bzw. gleichgültig sein!
- Einen Finger an die Nase legen = hohe Konzentration!
- Die Hände gefaltet halten = Überlegenheit andeuten!
- Die Hände ineinander reiben = Selbstzufriedenheit!
- Am Kopf kratzen = Unsicherheit!
- Hände über den Kopf legen = eindeutige Überlegenheit!

BEISPIEL 1: Sie wollen Ihr Team aufgrund der Leistung für den letzten Auftrag loben. Sie stellen sich also vor die Truppe, verstecken Ihre Hände in den Hosentaschen und beginnen mit der Ansprache. Was glauben Sie, wie werden Ihre Mitarbeiter diese Ansprache aufnehmen?

- Die Mitarbeiter freuen sich zwar über die Belobigung, zweifeln aber bereits jetzt schon die „Standesmäßigkeit“ Ihrer Ansprache an.

Warum? Das lässt sich ganz einfach erklären.

- Ihre Körperhaltung wirkt alles andere als „standesgemäß“. Sie wirkt eher, wie kurz vor dem Start eines gemeinsamen Ausflugs, locker und leger!

Erkenntnis: Mit dem „Verstecken“ der Hände versprechen Sie sich unbewusst einen stärkeren inneren Halt. Allerdings erzeugt dieser Effekt das genaue Gegenteil. Sie wirken unsicher! Ihre Mitarbeiter spüren das sehr schnell und nehmen Sie und Ihre Ansprache nicht mehr so ernst, wie es eigentlich angedacht war. Sie wirken auf die Mitarbeiter unbeteiligt. Zusätzlich verschiebt sich die angedachte Steigerung der Motivation Ihrer Mitarbeiter in eine nicht gewollte Demotivation.

Dabei könnten Sie mit Ihren Händen viele positive Aspekte in Ihrer Ansprache erzielen. So können z. B. Sachverhalte nicht nur per Stimme, sondern auch mit der Gestik Ihrer Hände eindrücklicher untermalt werden. Halten Sie dazu Ihre Arme angewinkelt, die Hände in Bauchnabelhöhe.

BEISPIEL 2: Lassen Sie beim Gestikulieren mit Ihren Händen zwischen Ellenbogen und Rumpf einen Abstand, winkeln Sie dabei Ihre Arme in Bauchnabelhöhe an und legen Sie die Handflächen ineinander.

Erkenntnis: Sie nehmen zum einen visuell mehr Raum in Anspruch. Zum anderen werden Sie durch Ihre Mitarbeiter als selbstbewusste Führungskraft wahrgenommen und steigern dadurch die Aufmerksamkeit.

7.1.3 Mimik

Neben Körperhaltung und Gestik spielt innerhalb der Rhetorik auch die Mimik des Gesichts eine entscheidende Rolle. Insbesondere die Augen sind das aussagefähige Spiegelbild eines jeden Menschen. Augen können durch ihre Blicke die gesamte Bandbreite der Gefühle, von Freude bis Trauer, ausdrücken. Und nicht nur das! Die Augen sind auch Auslöser für das Zusammenziehen und Anspannen bestimmter Gesichtsmuskeln. Dadurch entwickeln sich unterschiedliche Gesichtsausdrücke, die sogenannte Mimik. Sicherlich kennen auch Sie einige Alltagsaussagen, die sich eindeutig Blicken bzw. einer Mimik zuordnen lassen, z. B.:

- Sein Blick ist vernichtend!
- Ihre Blicke können tödlich sein!

Kann man aber Mimik überhaupt üben bzw. trainieren? Ja, man kann! Betrachten Sie doch einmal das Feld der Politik. Große politische Führer überzeugen nicht nur durch ihre Sprache, sondern insbesondere durch ihre Gestik bzw. Mimik. Darin wurden sie geschult und damit ziehen sie ihre Zuhörer in den Bann.

Nachfolgend eine einfache Übung.

7.1.3.1 Eine Minute breit grinsen

Das beste Mittel für das Training der Gesichtsmuskeln ist das Grinsen. Je breiter und länger, desto besser.

ÜBUNG 1: Sie benötigen für diese Übung einen Stuhl, einen Spiegel, eine Tageszeitung sowie Stift und Papier. Setzen Sie sich vor den Spiegel und legen Sie Ihr breitestes Grinsen, das Sie zur Verfügung haben, an den Tag. Bitte beachten Sie dabei, dass sich das Grinsen nicht zu einer Grimasse entwickelt. Betrachten Sie sich etwa 15 Sekunden selbst und merken Sie sich dabei Ihre persönlichen Eindrücke zu diesem Grinsen.

Eindrücke können z. B. sein:

- Welche Stellung übernehmen die Augen? Liegen Sie mittig oder mehr seitlich?
- Wie weit breiten sich die Mundwinkel aus?
- Sind Ihre Zähne erkennbar?
- usw.

Stehen Sie jetzt auf und notieren Sie Ihre Eindrücke aus dem Gedächtnis heraus. Nehmen Sie jetzt das Buch oder die Zeitung zur Hand und lesen Sie etwa 10 Minuten konzentriert. Ihre Gesichtsmuskeln werden sich jetzt unbemerkt entspannen. Nach Ablauf der 10 Minuten wiederholen Sie das Procedere erneut für 15 Sekunden. Merken Sie sich dabei wieder Ihre persönlichen Eindrücke. Nehmen Sie jetzt die Notizen vom ersten Grinsen zur Hand und vergleichen Sie sie mit dem Grinsen der zweiten Sitzung. Identische Eindrücke kennzeichnen Sie mit einem Punkt, neue fügen Sie schriftlich dazu. Diese Übung können Sie über mehrere Tage fortsetzen.

ERKENNTNIS: Die Eindrücke mit den meisten Punkten beschreiben Ihr angeborenes Lächeln. Die Eindrücke mit den wenigsten Punkten sollten Sie trainieren. Hierzu setzen Sie sich erneut auf den Stuhl und versuchen, ausschließlich diese Muster des Grinsens zu wiederholen, möglichst so lange, bis Sie diese Muster künstlich aufsetzen können und sie somit fast zur Gewohnheit werden. Bedenken Sie: Auch ein künstliches Lächeln erzeugt eine positive Wirkung.

VARIANTE: In abgewandelter Form können Sie diese Übung auch mit einer zweiten Person durchführen. Dabei wird der Ablauf der Übung in zwei Punkten verändert.

1. Der Spiegel wird durch die zweite Person ersetzt.
2. Die zweite Person notiert und überarbeitet ihre Eindrücke.

7.1.4 Die gängigsten Fehler in der Rhetorik

Trotz des Wissens, dass eine sehr gute Rhetorik eine der wichtigsten Eigenschaften für eine überzeugend wirkende Führungskraft ist, unterlaufen jedem einmal Fehler. Interessant dabei ist, dass es eine schier unbegrenzte Anzahl von Fehlern gibt, es allerdings nur wenige sind, die immer wieder vorkommen. Größtenteils sind Gestaltung und Wortwahl der Ansprache von diesen Fehlern betroffen. Nachfolgend eine kurze Aufstellung der häufigsten Fehler.

7.1.4.1 Zu leise sprechen

Selbstverständlich sollen Sie während Ihrer Ansprache nicht lautstark brüllen. Abgesehen davon, dass eine brüllende Führungskraft auf Mitarbeiter nicht überzeugend wirkt, werden Sie allein aus körperlichen Gründen diese Lautstärke nicht sehr lange durchhalten. Sie sollten allerdings auch nicht zu leise reden. Auch dadurch wirken Sie bei Mitarbeitern nicht überzeugend, sondern wenig selbstbewusst, unsicher, zurückhaltend und verschlossen. Forschungen haben ergeben, dass ein zu leises Sprechen für Menschen äußerst anstrengend ist, da sie sich sehr stark konzentrieren müssen, um überhaupt etwas zu verstehen. Diese Anstrengung führt im Nebeneffekt allerdings dazu, dass nur wenig Inhalt der Ansprache aufgenommen wird. Um gut verstanden zu werden, reicht eine vernünftige, angenehme Lautstärke.

ABHILFE FÜR ZU LEISES SPRECHEN: Um mit einer angenehmen Lautstärke zu reden, dienen meist ganz einfache Hilfsmittel:

1. Beachten Sie Ihre Körperhaltung (siehe Kapitel 7.1.1). Sie stehen aufrecht und fest auf Ihren Beinen. Dadurch erhöht sich die Spannung Ihres Zwerchfells. Dieses Organ steuert den Luftfluss entlang Ihrer Stimmbänder und dadurch wird Ihre Stimme, fast schon ungewollt, sofort lauter und auch klangvoller. Aus diesem Grund bezeichnet man das Zwerchfell auch gerne als >Steuerung der Stimme<.

2. Bereiten Sie sich mental auf eine feste und klangvolle Stimme vor. Sie stehen erneut aufrecht und sprechen klar und kräftig z. B. folgenden Satz: „Ich will heute meine Mitarbeiter über eine wichtige Änderung im Unternehmen informieren!" Wiederholen Sie diesen Satz mehrmals. Ihr Unterbewusstsein wird nicht nur diesen Satz, sondern auch die Klangform verinnerlichen. Die Ansprache an Ihre Mitarbeiter wird dann mit gleicher Stimme und Klangform abrufbar sein.

3. Trainieren Sie Ihre Stimme mit einfachen Übungen. Zu den bekanntesten gehört das Sprechen mit einem Korken. Nehmen Sie dazu einen Korken zwischen Ihre Schneidezähne und lesen Sie dann einen Artikel aus der Zeitung laut vor. Nehmen Sie jetzt den Korken aus dem Mund und lesen Sie den Artikel erneut laut vor. Vermutlich werden Sie schon jetzt bemerken, dass sich das Ganze deutlicher anhört. Auch diese Übung konnen Sie mehrmals wiederholen, so lange, bis Sie glauben, die richtige Stimmlage gefunden zu haben.

4. Die Übung 3 können Sie noch mit einigen Atemübungen optimieren. Zünden Sie 15 bis 20 Teelichter an, stellen Sie sie auf einen Tisch, atmen Sie einmal kräftig ein und versuchen Sie dann, diese Kerzen gleichmäßig, ohne erneut Luft zu holen, auszupusten. Vermutlich werden Sie es beim ersten Versuch nicht komplett schaffen. Wiederholen Sie diese Übung. Aus den Erfahrungen des ersten Versuches wissen Sie aber, dass Sie Ihre verfügbare Luft einteilen müssen, um alle Kerzen auszupusten. So verhält es sich auch beim Sprechen. Sie sollten Sätze immer an Ihr verfügbares Luftvolumen anpassen. So vermeiden Sie, dass Sie einen Satz vor seinem Ende abbrechen müssen, um nach Luft zu schnappen.

7.1.4.2 Zu viele „Füllwörter" verwenden

„Füllwörter sind Wörter oder Wortkombinationen mit geringem Aussagewert, die zum Verständnis des Kontextes nicht notwendig sind!"

Zitat aus dem Duden

Im Klartext bedeutet es, dass Füllwörter bzw. Wortkombinationen nutzlos sind und lediglich Sätze aufblähen. Für die Ansprache einer Führungskraft ist dies kontraproduktiv, da die Aufmerksamkeit der Mitarbeiter geringer wird. Es ist mittlerweile bekannt, dass Informationen aus langen Sätzen schlechter verinnerlicht werden.

Füllwörter, die Sätze unnötig aufblähen, vergrößern dann noch dieses generelle Problem.

Doch wie erkennt bzw. wie vermeidet man Füllwörter? Das ist nicht einfach, da Füllwörter zwar definiert sind, aber auch als „normales“ Wort zum Einsatz kommen. Es kommt stets auf den Kontext des Satzes an.

➢ **Zuhörer** können Füllwörter daran erkennen, dass man das Gefühl hat, dass mit diesem Wort kleinere Sätze miteinander verbunden werden sollen.
➢ **Redner** sollten diese Wörter immer dann vermeiden, wenn man diese in schriftlicher Form nicht niederschreiben würde.

Häufig genutzte Füllwörter bzw. Wortkombinationen sind z. B.: allgemein, allzu, bei Weitem, durchaus, einigermaßen, freilich, ganz und gar, nämlich, normalerweise, ohne Zweifel, prinzipiell, quasi, relativ, ziemlich usw.

BEISPIELSÄTZE MIT / OHNE FÜLLWÖRTER/N:
➢ MIT = Sie kam zur Tür herein und **ohne Zweifel** war sie **ziemlich** aufgeregt!
➢ OHNE = Sie kam zur Tür herein und war aufgeregt!

➢ MIT = Die Umsetzung der Maßnahme war **durchaus** bekannt!
➢ OHNE = Die Umsetzung der Maßnahme war bekannt!

➢ Das Angebot war **prinzipiell** überzeugend!
➢ Das Angebot war überzeugend!

➢ Das Ergebnis dieses Prozesses ist **absolut** nicht tragbar!
➢ Das Ergebnis dieses Prozesses ist nicht tragbar!

Aber nicht nur Füllwörter bzw. Wortkombinationen können Sätze bzw. eine Ansprache aufblähen, Verzögerungslaute erzeugen den gleichen Effekt. Verzögerungslaute zeigen aber noch deutlicher auf, dass der Redner unsicher ist und Denkpausen benötigt, um mit seiner Ansprache fortzufahren. Klassische Verzögerungslaute sind z. B.: „Ääh“, „Ehm“, „Ok“, „Ne“, „Näh“ oder „Hm“.

7.1.4.3 Auf den Punkt kommen

Sie haben sicherlich selbst schon einmal erlebt, dass Ihr Gegenüber beim Gespräch ständig abschweift und nicht auf den Punkt kommt. Im Nachhinein werden Sie sich sagen: „Was hat er nur gelabert? Das hätte er doch gleich sagen können!“

Stellen Sie sich jetzt einmal vor, wie es Ihren Mitarbeitern gehen würde, wenn Sie in Ihrer Ansprache endlos lange „Bandwurmsätze“ aneinanderreihen und nicht umgehend zum Kern der Botschaft kommen. Beherzigen Sie daher folgende Punkte für Ihre Ansprache:

- Vermeiden Sie lange Sätze! Sie ermüden den Zuhörer!
- Kurze Sätze erleichtern nicht Ihre Atmung, sondern steigern auch die Spannung der Zuhörer!
- Sorgen Sie für eine schnelle Übermittlung der Kernbotschaft!

7.2 KOMMUNIKATION

Als Führungskraft stehen Sie tagtäglich mit Ihren Mitarbeitern in Kontakt. Um authentisch und überzeugend zu wirken, müssen Sie eine Vielzahl von Kriterien erfüllen. Ein weiteres, wichtiges Kriterium wurde noch nicht angesprochen: Ihre Fähigkeit zum Kommunizieren.

Was versteht man aber unter Kommunikation?

Das Wort stammt aus der Verknüpfung zweier lateinischer Worte: ‚communi‘ steht für ‚Gemeinschaft‘ und ‚care‘ für ‚gemeinsam machen‘, ‚mitteilen‘, ‚vereinigen‘, ‚teilnehmen lassen‘. Nimmt man auch hierfür den Duden zur Hilfe, wird die Bezeichnung Kommunikation folgendermaßen definiert:

„Kommunikation ist die Verständigung zwischen Menschen untereinander, mithilfe von Sprache oder Zeichen.“

Kommunikation betreiben wir heutzutage schon fast im Unterbewusstsein. Es ist für uns das Selbstverständlichste, ob in der Familie, im Freundeskreis oder im Beruf. Die Kommunikation, also der Dialog, das Gespräch, der Austausch von Gedanken mit anderen Menschen und die Art und Weise, wie wir unsere Gefühle ausdrücken, ist ein wichtiger Teil unseres Lebens.

Das beste Beispiel für Kommunikation ist das Internet. Es ist mittlerweile zum wichtigsten Bestandteil für ein kommunikatives Leben = für die Verständigung zwischen Menschen untereinander geworden. Überall können wir Informationen aufnehmen und mit anderen Menschen austauschen.

Wie sieht es aber mit der Kommunikationsfähigkeit eines jeden Einzelnen aus und was bedeutet dieses Wort eigentlich? Auch hierfür findet man im Duden eine eindeutige Erklärung:

„Kommunikationsfähigkeit ist die innere Bereitschaft und die Fähigkeit, mit anderen Menschen in Kommunikation zu treten."

Genau diese Fähigkeit wird in Unternehmen von Führungskräften erwartet und ist entscheidend dafür, wie erfolgreich Sie im beruflichen Leben sind. Kommunikationsfähige Führungskräfte müssen nicht nur Ihre Nachrichten bzw. Botschaften klar und deutlich vermitteln, sondern zurückfließende Nachrichten und Botschaften genauso klar und deutlich interpretieren. Die Kommunikation ist also ein weiteres Hilfsmittel der erfolgreichen Mitarbeiterführung. Die positive Nachricht ist: Die Kunst der Kommunikation kann man erlernen!

7.2.1 Die fünf Axiome

Der österreichische Philosoph und Wissenschaftler Paul Watzlawick (* 25.07.1921, † 31.03.2007) hat sich lange Jahre mit der Kommunikation zwischen Menschen beschäftigt und für eine erfolgreiche Kommunikation fünf Grundsätze, sogenannte Axiome (= Grundsätze, die nicht bewiesen werden müssen) aufgestellt:

1. AXIOM: Man kann nicht nicht kommunizieren!

Dieser Grundsatz klingt zuerst einmal verwirrend. Zweimal hintereinander das Wort „nicht" würde sich mathematisch betrachtet eigentlich aufheben. Kann man folglich immer kommunizieren? Vorab erst einmal: Ja! Paul Watzlawick betrachtet dies aber in einem anderen Kontext. Er geht davon aus, dass zwei Menschen in einem Raum immer miteinander kommunizieren. Sie müssen dafür nicht unbedingt miteinander sprechen. Die Kommunikation findet in diesem Fall über die Körpersprache statt.

BEISPIEL 1: Stellen Sie sich folgende Situation vor: Sie sitzen in einem Zug und eine längere Reise liegt vor Ihnen. Sie haben sich auf diese Reise gefreut, da es wieder einmal eine Möglichkeit ist, mit Mitreisenden ins Gespräch zu kommen. Ihnen gegenüber sitzt bereits jemand, der sich ebenfalls auf diese Reise gefreut hat. Er möchte die Fahrt genießen und in Ruhe ein Buch lesen. Er vertieft sich in sein Buch und signalisiert Ihnen damit, dass er nicht mit Ihnen sprechen möchte.

In diesem Beispiel wurde zwar nicht ein einziges Wort gesprochen, trotzdem aber miteinander kommuniziert. Die Körpersprache signalisierte Ihnen, dass keine verbale Kommunikation erwünscht ist.

Dieses Axiom zeigt aber auch eine besondere Gefahr für Ihre erfolgreiche Personalführung auf. Sie müssen sich stets bewusst sein, dass Ihre Körpersprache einer anderen Person immer etwas mitteilt.

BEISPIEL 2: Sie streiten sich mit einer anderen Führungskraft über das Thema „XY". Mitten im Streitgespräch platzt Ihnen der Geduldsfaden und Sie erklären ultimativ: „Ich habe jetzt keine Lust mehr, über dieses Thema weiterzureden. Das Thema ist beendet!" Dieses Verhalten wird Ihr Gegenüber dahingehend interpretieren, dass Sie kein Interesse an seinen Vorstellungen / seiner Meinung haben. Im Ergebnis wird das eigentliche Problem weiter verschärft und Sie werden als arrogante Person abgestempelt.

2. AXIOM: Jede Kommunikation besteht aus einem Beziehungs- und einem Inhaltsaspekt!

Dieses Axiom beschreibt den Austausch von unterschiedlichen Informationen, bei gleichzeitiger Einbindung der Beziehungsebene. Daraus entwickeln sich unterschiedliche Emotionen, die schlussendlich das ursprüngliche Thema nicht positiv beenden. Es wird die Ansicht des Gegenübers übelgenommen, wenn sie nicht mit der eigenen übereinstimmt. Leider tritt diese Situation sehr häufig auf. Immer mehr Menschen sind nicht in der Lage, sachliche Diskussionen (im Volksmund auch als „Streitkultur" bezeichnet) zu führen und einverständliche Lösungen zu finden.

BEISPIEL: Sie treffen sich mit Ihrem Finanzbuchhalter, um über neue Investitionen des kommenden Jahres zu sprechen. Für Sie eigentlich kein Problem, da sie beide gut befreundet sind. Trotzdem diskutieren Sie ausführlich über jede einzelne Position und darüber, welcher Nutzen für das Unternehmen daraus resultiert. Die Diskussion zieht sich gewaltig in die Länge, wobei Sie das Verhalten Ihres Kollegen und Freundes gewaltig nervt. Es nähert sich der Feierabend und es wird vereinbart, am kommenden Tag die noch offenen Investitionen zu besprechen. Auf der Fahrt nach Hause sind Sie über das Verhalten Ihres Freundes sehr verärgert. Das hält nicht nur die ganze Nacht an, sondern besteht auch noch am nächsten Morgen. Sie kommen mit einem „dicken Hals" in die Gesprächsrunde. Irgendwann brechen Sie das Gespräch mit dem Hinweis ab, alle strittigen Positionen jetzt direkt bei der Geschäftsleitung genehmigen zu lassen. Ihr Finanzbuchhalter (und Freund) wird diese Reaktion als Untergrabung seiner Autorität betrachten und signalisiert ebenfalls ein Gespräch mit der Geschäftsleitung.

Im Ergebnis wird die Kommunikation beider Gesprächspartner zukünftig nur noch über die Geschäftsleitung laufen. Die private Freundschaft dürfte zerstört sein!

3. AXIOM: Kommunikation ist immer Ursache und Wirkung gleichzeitig!

Mit diesem Axiom wird die Wechselbeziehung zweier oder mehrerer Gesprächspartner beleuchtet. Einfacher ausgedrückt: Die Kommunikation der ersten Person löst eine Reaktion bei der zweiten Person aus, um wiederum eine Reaktion bei der ersten Person auszulösen usw. Jede Reaktion der Gesprächspartner wird dabei durch emotionale Reize ausgelöst. Durch die Wechselseitigkeit lässt sich der Beginn einer Kommunikation selten genau feststellen. Paul Watzlawick hat diese Konstellation als >Regelkreis der Kommunikation< bezeichnet.

Besonders deutlich wird diese Kommunikationsform innerhalb eines Konfliktgespräches, bei dem die Konfliktpersonen sich gegenseitig Vorwürfe machen und davon ausgehen, dass der jeweils andere den Konflikt ausgelöst hat. Insbesondere bei Konfliktgesprächen wird immer wieder versucht, den bereits erwähnten >Regelkreis der Kommunikation< zu durchbrechen und eigene Fehler als Reaktion auf eine vorangegangene Reaktion zu begründen. Auch hierfür wurde durch Paul Watzlawick ein eigener Fachbegriff eingeführt: die ›Interpunktion‹.

BEISPIEL: Sie haben zu einem Teammeeting eingeladen, um ein besonderes Problem innerhalb der Fertigung zu besprechen. Sie beginnen das Gespräch und erläutern im Detail die Entstehung dieses Problems. Hierbei kristallisiert sich heraus, dass zwei Mitarbeiter innerhalb des Prozesses unterschiedlich arbeiten. Der eine hält sich an die Arbeitsvorgaben, der andere hat diese Vorgaben abgeändert. Bevor

Sie nun die Gründe des zweiten Mitarbeiters ermitteln können, wird dieser durch den ersten Mitarbeiter scharf angegangen.

1. Mitarbeiter: „Warum machst du diesen Mist? Du müsstest doch erkennen, dass es zu Problemen führt!"
2. Mitarbeiter: „Das Problem fängt doch schon bei dir an. Du legst das verschraubte Bauteil einfach falsch auf das Band."

1. Mitarbeiter: „Das tue ich nicht. Das ist doch Unfug!"
2. Mitarbeiter: „Das ist kein Unfug. Jedes Mal muss ich es drehen. Das kostet nun einmal Zeit."

Ergebnis: Ein Konfliktgespräch zwischen zwei Mitarbeitern. Die restlichen Mitarbeiter agieren lediglich als Zuhörer.

Dieses Konfliktgespräch könnte man unendlich weiterführen. Als Führungskraft sollten Sie an diesem Punkt allerdings schnell einschreiten und das Gespräch von der emotionalen in die sachliche Ebene zurückführen. Zweckmäßig wäre es jetzt, zu ergründen, warum der 1. Mitarbeiter den Prozessablauf verändert hat, und als Ergebnis wieder einen klaren Prozessablauf zu bestimmen.

4. AXIOM: Die Kommunikation bedient sich digitaler und analoger Informationswege!

Menschen sind in der Lage, ihre Kommunikation auf zwei Wegen durchzuführen: zum einen durch Sprache (verbale Kommunikation), zum anderen durch Gestik und Mimik (nonverbale Kommunikation). Beide Kommunikationswege „spielen" miteinander. Sie sollten als Führungskraft deshalb immer beachten, dass Ihr Gegenüber anhand von Gestik und Mimik die Ernsthaftigkeit Ihrer Aussage beurteilen kann. Stimmt beides überein, werden Sie als authentisch wahrgenommen. Stimmt beides nicht, verlieren Sie jegliche Achtung durch Ihre Mitarbeiter. Das „verschmitzte Lächeln" während einer Kommunikation ist also völlig unpassend. Wie definierte Paul Watzlawick nun aber die Begriffe ›digital‹ und ›analog‹?

Mit digital werden Aussagen definiert, die über Sprache bzw. Schrift (verbal) kommuniziert werden, allerdings nicht interpretationsfähig sind. Der Sachverhalt derartiger Aussagen ist deutlich und klar!

Mit analog wird die Kommunikation über Gestik und Mimik (nonverbal) definiert. Da Ihr Gegenüber nur vermuten kann, was Sie ausdrücken wollen, ist diese Art der Kommunikation interpretationsfähig. Sicherheit kann Ihrem Gegenüber nur eine digitale Aussage geben.

Beide Erklärungen machen Ihnen deutlich, dass innerhalb der Kommunikation beide Begriffe nichts mit Computern zu tun haben.

BEISPIEL: Ein Mitarbeiter von Ihnen sitzt sehr betrübt in der Kantine. Seine Körpersprache (analog) suggeriert Ihnen, dass es ihm nicht gut geht. Warum es ihm aber nicht gut geht und warum er so betrübt in der Kantine sitzt, können Sie lediglich erahnen. Nach einiger Zeit erzählt er Ihnen (digital), dass seine Partnerin gestern einen schweren Unfall hatte und im Krankenhaus liegt. Er macht sich große Sorgen. Erst jetzt wissen Sie genau, warum der Mitarbeiter so betrübt ist.

5. AXIOM: Kommunikation ist symmetrisch oder komplementär!

Mit diesem Axiom wird dargestellt, dass die hierarchische bzw. soziale Position von Personen Einfluss auf ihre Kommunikation nimmt. Bei einer gleichberechtigten Position wird auf „Augenhöhe", also symmetrisch, miteinander kommuniziert. Bei voneinander abhängigen Personen erfolgt eine Kommunikation asymmetrisch, also wechselseitig und nicht auf „Augenhöhe". Diese Kommunikationsform wird als komplementär bezeichnet.

Als Führungskraft sollten Sie grundsätzlich symmetrisch kommunizieren. So schaffen Sie Gleichheit unter den Gesprächsteilnehmern, die sich immer positiv auf den Gesprächsverlauf auswirken wird.

7.2.2 Verbale Kommunikation

Unter der verbalen Kommunikation versteht man den Austausch von Informationen über die Sprache. Dieser Austausch findet mindestens zwischen zwei Personen statt, wobei beide die Rollen eines Senders bzw. eines Empfängers übernehmen. Verbale Kommunikation teilt sich auf in eine Inhaltsebene und eine Beziehungsebene. Mit der Inhaltsebene werden Fakten bzw. Tatsachen bezeichnet, mit denen ausschließlich Sachinhalte übermittelt werden.

Was gehört zur verbalen Kommunikation?

- Art und Weise der Sprache
- Tempo der Sprache
- Lautstärke der Sprache
- Tonfall

Unter der Beziehungsebene versteht man das Verhältnis der Gesprächspartner zueinander.

7.2.3 Nonverbale Kommunikation

Kommunikation findet nicht ausschließlich über die Sprache statt. Auch das äußere Erscheinungsbild des Gesprächspartners ist kommunikativ. So kann man z. B. über die Körpersprache des Gegenübers einschätzen, ob sein gesprochenes Wort glaubwürdig ist. Aber auch Kriterien, die auf den ersten Blick keineswegs als Kommunikation bezeichnet werden, erfüllen diese Bedingungen. Dazu gehören z. B. die körperliche Berührung oder die Präsentation des Autos. Auch bei der nonverbalen Kommunikation spricht man von Sender und Empfänger. Sicher haben Sie schon einmal den Satz gehört: „Muss der Typ mit seiner neuen Karre so protzen?" Der Sender bei dieser Aussage ist der Typ / das Auto. Der Empfänger sind Sie mit Ihrem Meinungsbild.

Was gehört zur nonverbalen Kommunikation?

- Aufbau und Form des Körpers
- Haltung des Körpers
- Neigung des Kopfes
- Kleidung
- Geruch
- Mimik und Gestik
- Körperliche Berührung
- Stärke des Händedrucks

8. Gesprächsformen und -techniken

Eine alte Weisheit innerhalb der Mitarbeiterführung besagt: „Wer führen will, muss sprechen können!“ Das Gespräch bzw. die Kommunikation mit Mitarbeitern zählt zu den wichtigsten, tagtäglich abrufbaren Fähigkeiten einer Führungskraft. In den vorherigen Kapiteln wurden aber weitere Kriterien vorgestellt, die jede Führungskraft beherrschen und einsetzen sollte, um Mitarbeiter erfolgreich zu führen.

Auf einen Teilbereich der Kommunikation, das sachbezogene Gespräch, sollte allerdings ein besonderes Augenmerk gelegt werden, um diese Gespräche erfolgreich abzuschließen. Zu den wichtigsten und häufigsten durchgeführten sachbezogenen Gesprächsformen zählen ...

- ... das Mitarbeitergespräch
- ... das Anerkennungsgespräch
- ... das Kritikgespräch
- ... das Zielvereinbarungsgespräch
- ... das Motivationsgespräch

Beide Gesprächsformen bedürfen eines besonderen Feingefühls der Führungskraft. Sie müssen die Botschaften Ihrer Mitarbeiter nicht nur genau verstehen, darauf reagieren, bei Bedarf umsetzen und ggf. Ziele vereinbaren, sondern auch positiv nach vorne blickend und motivierend auseinandergehen.

Bei falscher Umsetzung können diese Gesprächsformen zu Konsequenzen führen, die für Sie als Führungskraft durchaus weitreichende Spuren hinterlassen können. Dazu zählen psychologische, aber auch sachliche Konsequenzen.

Zu den psychologischen Konsequenzen zählen u. a.:

- der Verlust von Image
- der Verlust von Glaubwürdigkeit
- der Verlust von Vertrauen

Zu den sachlichen Konsequenzen zählen u. a.:

- der Verlust von Zeit
- der Verlust innerhalb eines Prozesses
- der Verlust von Geld

Damit Ihnen keine weitreichenden Fehler in diesen Gesprächsformen unterlaufen, und ggf. durch diese Fehler Unternehmensziele verfehlt werden, stehen Ihnen unterschiedlichste Techniken zur Verfügung, um diese Gespräche zu einem erfolgreichen Abschluss zu führen.

8.1 DAS MITARBEITERGESPRÄCH

Mitarbeitergespräche werden in zwei Gesprächsformen unterteilt:

- das geplante Mitarbeitergespräch, z. B. ein Mitarbeiter-Jahresgespräch.
- das situationsabhängige Mitarbeitergespräch (auch als Feedbackgespräch bezeichnet), das z. B. aufgrund eines aktuellen technischen Vorfalls oder aufkommender Spannungen gegenüber der Führungskraft geführt wird.

Gründe bzw. Anlässe für ein Mitarbeitergespräch gibt es eigentlich immer und sollten von einer guten Führungskraft auch genutzt, allerdings nicht übertrieben werden! Im letzteren Fall können Mitarbeitergespräche auch „nerven". Kleinere Probleme lassen sich sicher auch auf eine einfachere Art klären.

8.1.1 Geplantes Mitarbeitergespräch (Jahresgespräch)

Ein geplantes Mitarbeitergespräch sollte sowohl von der Führungskraft als auch vom Mitarbeiter gründlich vorbereitet werden. Ein Mitarbeitergespräch sollte mindestens einmal im Jahr durchgeführt werden und dient dazu, persönliche Einschätzungen, Ergebnisse, Planungen sowie Weiterbildungsmaßnahmen abzugleichen und, besonders wichtig, ein Feedback des abgelaufenen Zeitraums einzuholen. Das Mitarbeitergespräch ist daher kein Grund zur Unruhe.

Trotzdem gehen Mitarbeiter in dieses Gespräch mit einer innerlichen Anspannung hinein. Ihre Aufgabe als Führungskraft ist es, diese Spannung bereits im Vorfeld durch ein positives Erscheinungsbild und beruhigende Worte aufzulösen. Beide Seiten sollten grundsätzlich im Vorfeld des Gesprächstermins darüber informiert sein, welche Themen in diesem Gespräch behandelt werden. Um ein produktives Ergebnis aus diesem Gespräch zu erzielen, sollten beide Seiten auf dieses Gespräch vorbereitet sein. Der Ablauf des Mitarbeitergesprächs erfolgt chronologisch: das vergangene Jahr, die Gegenwart und das zukünftige Jahr.

Das geplante Mitarbeitergespräch beinhaltet einige Themen, die grundsätzlich besprochen werden sollten. Die Themen werden im Regelfall vom Unternehmen vorgegeben, können aber auch intern zwischen beiden Parteien formuliert werden. Nachfolgend eine kleine Auswahl:

Wie zufrieden ist der Mitarbeiter mit seiner Tätigkeit bzw. der Mitarbeiterführung und was sollte sich ändern?	
Positiv	
Negativ	
Änderungen	

Wie hoch schätzt der Mitarbeiter die Zusammenarbeit im Team ein?	
Gut	
Mittel	
Schlecht	
Begründung	

Wie schätzt der Mitarbeiter seine persönliche Motivation ein?	
Hoch	
Mittel	
Niedrig	
Begründung	

Welche eigenen Ziele will der Mitarbeiter im kommenden Jahr erreichen?	
1.	
2.	
3.	
Begründung	

Was kann die Führungskraft unternehmen, um die Mitarbeiter noch besser zu unterstützen?	
1.	
2.	
3.	
Begründung	

Des Weiteren sollten folgende Themen besprochen werden, zu denen in Freifeldern entsprechende Notizen gemacht werden:

- Gehalt und Sonderleistungen
- Sonderleistungen für vereinbarte Zielerreichung
- Fort- und Weiterbildungsmaßnahmen
- Terminfestlegung für das Folgegespräch

8.1.2 Durchführung eines Mitarbeitergesprächs

Um ein Mitarbeitergespräch erfolgreich durchführen zu können, ist zum einen eine gute Vorbereitung nötig, zum anderen sollten Sie aber folgende Grundsätze beachten:

- **Führen Sie das Gespräch unter vier Augen!**
- Für das Hinzuziehen eines oder mehrerer Kollegen gilt ein absolutes NEIN!
- **Sorgen Sie für ein störungsfreies Umfeld!**
- Für ein wichtiges Telefonat mal eben das Gespräch kurz zu unterbrechen, gilt ebenfalls ein NEIN!
- **Achten Sie darauf, dass keine Spannungen durch Zeitdruck entstehen!**

➢ Die Planung eines ausreichenden Zeitraums ist für das Gespräch (Minimum = 60 Minuten) ein absolutes MUSS!
➢ **Hören Sie dem Mitarbeiter aktiv zu!**
➢ **Stellen Sie offene Fragen, ohne Antworten bereits vorwegzunehmen!**
➢ **Reagieren Sie auf emotionale Handlungen Ihres Mitarbeiters grundsätzlich auf einer sachlichen Ebene!**

Unter Beachtung dieser Grundsätze gehen Sie gut vorbereitet in das Mitarbeitergespräch.

8.1.3 Leitfaden für ein Mitarbeitergespräch

Hinweis: Dieser Leitfaden gilt für alle Arten von Mitarbeitergesprächen!

1. Begrüßung

Denken Sie daran, dass Ihre Körpersprache in den ersten Sekunden Auswirkungen auf das restliche Gespräch hat. Gehen Sie also offen und freundlich auf den Mitarbeiter zu.

2. Atmosphäre schaffen

Bemühen Sie sich von Beginn an, eine angenehme Atmosphäre zu schaffen. Starten Sie diese Phase des Gesprächs mit positiven Aussagen und bauen Sie so eine Kontaktbrücke zu Ihrem Mitarbeiter auf. So bauen Sie ein angenehmes „Klima“ für das Gespräch auf.

Da ein Mitarbeitergespräch einen längeren Zeitraum einnehmen kann, wäre die Bereitstellung von Getränken ein weiteres Mittel für eine angenehme Atmosphäre.

3. Eigenen Sachverhalt darstellen

Hier stellen Sie Ihre Sichtweise rückwirkend für das vergangene Jahr dar. Beginnen Sie grundsätzlich mit den guten Leistungen Ihres Mitarbeiters, z. B.:

➢ Welche Aufgaben hat der Mitarbeiter im vergangenen Jahr erledigt?
➢ Was wurde besonders gut gelöst?
➢ Welche gemeinsam vereinbarten Ziele wurden erreicht?

Danach kommen Sie zu den Leistungen des Mitarbeiters, die nicht so gut erfüllt wurden, und fragen nach, woran es gelegen hat und welche Maßnahmen erforderlich sind, um dies zu beheben.

4. Den Standpunkt des anderen einholen

Geben Sie dem Mitarbeiter jetzt Gelegenheit, seinen Standpunkt darzulegen. Hören Sie dabei aktiv zu und geben Sie Ihrem Mitarbeiter für seine Sichtweise ausreichend Zeit. Unterbrechen Sie ihn auf keinen Fall. Sollten bei Ihnen Fragen aufkommen, notieren Sie sich diese mit kurzen Stichworten.

5. Gemeinsam Lösungen finden

Hier startet der Dialog zwischen Ihnen und Ihrem Mitarbeiter. Sie fragen und der Mitarbeiter antwortet bzw. der Mitarbeiter fragt und Sie antworten. Innerhalb dieser Kommunikation suchen Sie idealerweise nach gemeinsamen Lösungen zu den angesprochenen Themen. Sollte wider Erwarten keine Lösung gefunden werden, müssen Sie als Vorgesetzter eine Entscheidung treffen. Wichtig ist aber, dass Sie begründen, warum Sie zu dieser Entscheidung kommen.

6. Vereinbarungen schriftlich festhalten

Nun richten Sie den Blick in die Zukunft. Erörtern Sie neue, zukünftige Aufgaben und vereinbaren Sie hierfür Ziele. Wichtig: Ziele werden grundsätzlich mit der >4-W-Methode< verbunden (siehe Kapitel 9).

7. Positiver Abschluss

Selbst wenn während des Gesprächs unterschiedliche Meinungen vorgetragen und Differenzen offengelegt wurden, sollten Sie das Gespräch positiv beenden und sich bei Ihrem Mitarbeiter für dieses Gespräch bedanken. Versichern Sie Ihrem Mitarbeiter, dass Sie nicht an seinen guten Fähigkeiten zweifeln und dass Sie sicher sind, dass er alles daransetzen wird, um die vereinbarten Ziele zu erreichen.

8.2 DAS ANERKENNUNGSGESPRÄCH

Die Motivation des / der Mitarbeiter steigt immer dann, wenn gute oder sehr gute Leistungen angesprochen werden.

Stellen Sie sich jetzt einmal folgende Situation aus dem Privatleben vor:

Es ist ein Feiertag. Das Mittagessen ist fertig. Ihr Partner hat am Tag vorher alles eingekauft, um Sie mit Ihrem Lieblingsessen zu überraschen. Sie haben mitbekommen, dass Ihr Partner den ganzen Vormittag gekocht und sich sehr viel Mühe gegeben hat, um das Lieblingsessen genau nach Ihrem Geschmack zu kochen. Es ist heute auch besonders gut gelungen!

Das Essen steht auf dem Tisch und es entwickelt sich folgender Dialog:

Partner	Sie
„Schmeckt dir das Essen?"	„Na, wie immer, da kann man nicht meckern!"
„Schmeckt dir das Essen wirklich?"	„Was willst du eigentlich von mir hören?"
„Na, ob es dir wirklich schmeckt und ob es so ist, wie du es am liebsten hast?"	„Was soll das? Wenn es mir nicht schmecken würde, dann hätte ich es dir schon gesagt!"

Frage: Wie beurteilen Sie jetzt Ihr (Sie) Verhalten in dieser Situation?

sehr gut	passend	unmöglich

Wenn Sie ehrlich zu sich selbst sind, müssten Sie jetzt eigentlich mit „unmöglich" antworten. Bei diesem Dialog kann man sehr gut erkennen, dass der Aufwand und die Mühe des Partners nicht gelobt werden und das Ergebnis als normal betrachtet wird.

So ähnlich kann man es tagtäglich am Arbeitsplatz erleben. Allerdings gibt es leider Führungskräfte, die in einer derartigen Situation entgegnen würden: „Wenn ich nichts sage, ist das Lob genug!" DAS IST FALSCH!

Stellen Sie sich jetzt einfach diesen dargestellten Dialog als ein Fachgespräch zwischen Mitarbeiter und Ihnen, als zuständige Führungskraft, vor. Sie zählen sich zu den Vorgesetzten, die Mühe und Leistung anerkennen. RICHTIG!

ABER WARUM?

- Die Bestätigung, dass man etwas Besonderes bzw. Gutes geleistet hat, steigert auf jeden Fall das Selbstwertgefühl des Mitarbeiters.
- Das Erfolgserlebnis eines Mitarbeiters ist auch Ihr Erfolgserlebnis.
- Der Mitarbeiter fühlt sich wertgeschätzt.
- Die Anerkennung spornt den Mitarbeiter zu weiteren, guten Leistungen an.
- Der Mitarbeiter wird sich noch selbstbewusster zeigen und selbstständiger arbeiten.

Jetzt ist der richtige Zeitpunkt, mit Ihrem Mitarbeiter ein Anerkennungsgespräch zu führen. Aber Vorsicht! Gerade Anerkennungsgespräche können, wenn Sie falsch geführt werden, genau zu einem gegenteiligen Verhalten des Mitarbeiters führen.

Achten Sie deshalb auf die folgenden Kriterien:

1. Die Anerkennung muss aufrichtig sein!

Schütten Sie nicht nach dem Gießkannenprinzip die Anerkennung über den oder die Mitarbeiter aus. Ihre Anerkennung sollte sich schon auf besondere, detailliert erläuterte Leistungen beziehen.

2. Die Leistung muss eine Anerkennung auch verdient haben!

Nur Leistungen, die den normalen Level überschreiten, sollten anerkannt werden. Für „normale" Leistungen, die immer wieder erfüllt werden, reicht oftmals ein „vielen Dank", „prima" oder „gut gemacht".

3. Eine Anerkennung muss immer sachorientiert sein!

Floskeln, wie z. B. „Sie sind mein bestes Pferd im Stall!", sind für eine Anerkennung absolut ungeeignet. Hier fehlt die Besonderheit, aus einer Masse besonders herausgehoben zu werden.

Besser ist: „Sie haben den Prozessablauf durch ihr Einwirken erheblich beschleunigt. Danke dafür!"

4. Die Anerkennung sollte sich immer auf einen konkreten Fall beziehen!

„Die Produktivitätszahlen an deinem Arbeitsplatz waren am Mittwoch spitzenmäßig. Du hattest eine Steigerung von zwei Prozent. Danke dafür!"

5. Die Anerkennung muss zeitnah erfolgen!

Je länger Sie mit einer Anerkennung warten, desto geringer ist die Wirkung.

6. Verbinden Sie niemals Anerkennung mit Kritik!

Anerkennung und Kritik heben sich nicht nur gegenseitig auf, sondern werden auch unterschiedlichen Bewertungsstufen zugeordnet. So kann aus einer positiven Anerkennung und zwei negativen Anmerkungen in der Summe ein negatives Bild entstehen. Loben Sie niemals, um anschließend zu kritisieren!

7. Sprechen Sie Anerkennung niemals in Anwesenheit Dritter aus!

Lob und Anerkennung vor Dritten auszusprechen, ist vermutlich der größte Fehler in einem Anerkennungsgespräch. Eine alte Führungsweisheit besagt: „Sechs Ohren hören mehr als vier, drei Münder sprechen mehr als zwei!" Sie können in diesem Fall davon ausgehen, dass die Anerkennung „die Runde macht". Dadurch besteht die Gefahr, dass durch Neid und Missgunst die Anerkennung ganz schnell an Wirkung verliert. Wenn allerdings die Leistungen so besonders sind und von allen Teammitgliedern erbracht wurden, sollte die Anerkennung auch im Kreis aller Mitarbeiter und vor allem an alle Mitarbeiter ausgesprochen werden.

8.3 DAS KRITIKGESPRÄCH

(siehe auch Kapitel 6.1.2.5 + 6.1.2.6)

Der Grund für ein Kritikgespräch zwischen Ihnen als Führungskraft und Ihrem Mitarbeiter liegt immer dann vor, wenn das Verhalten bzw. die Arbeitsleistung des Mitarbeiters zu bemängeln ist. Das Ziel eines Kritikgesprächs soll aber nicht sein, Ihren Mitarbeiter deutlich zu maßregeln, sondern vielmehr, nach den Ursachen für diese Situation zu suchen. Was hat zu diesem Verhalten geführt und welches

Problem hat zu der mangelhaften Arbeitsleistung geführt? Zwei Aspekte sind dabei für ein erfolgreiches Kritikgespräch notwendig:

1. Führen Sie das Gespräch nur auf sachlicher und nicht auf emotionaler Basis.

2. Der Mitarbeiter darf in diesem Gespräch nicht „niedergemacht" werden. Lassen Sie ihn sein Verhalten begründen bzw. eine schlechte Arbeitsleistung darlegen.

3. Führen Sie das Gespräch konstruktiv und suchen Sie gemeinsam nach Lösungen, um diese Situation zu verbessern. Erwähnen Sie dabei auch positive Effekte der Zusammenarbeit.

8.4 DAS ZIELVEREINBARUNGSGESPRÄCH

Diese Form eines Mitarbeitergesprächs findet im Regelfall nach oder parallel zu einem Mitarbeitergespräch statt. Hierbei wird / werden zwischen Führungskraft und Mitarbeiter ein Ziel / mehrere Ziele festgelegt, die in einem definierten Zeitrahmen erreicht werden sollen. Nach Ablauf des Zeitrahmens wird die Zielerreichung durch die Führungskraft überprüft. Die Zielerreichung kann auch als wichtiger Bestandteil für eine Mitarbeiterbeurteilung herangezogen werden.

Für eine gemeinsame Zielvereinbarung sollten Sie aber folgende organisatorische Regeln vor und während des Gesprächs einhalten:

- Etwa einen Monat vor dem Termin Ihres Gesprächs bitten Sie Ihren Mitarbeiter, Vorschläge und Ideen für (ein) Ziel(e) zu erarbeiten. Ggf. übermitteln Sie Ihrem Mitarbeiter Zielvorstellungen des Unternehmens, an die sich seine Ideen orientieren können.
- Sammeln Sie selbst für das gemeinsame Gespräch die notwendigen betriebswirtschaftlichen Zahlen, Daten und Fakten.
- Nach Eröffnung des Gesprächs bitten Sie Ihren Mitarbeiter, seine Vorschläge vorzutragen. Gemeinsam entscheiden Sie danach, welche Ziele verfolgt werden sollen. Erarbeiten Sie einen Plan zur Erreichung des oder der Ziele, ggf. mit Teilschritten. Vereinbaren Sie danach Fixtermine für eine Analyse der bereits erledigten und eine Vorschau auf die noch folgenden Maßnahmen.
- Sollte Ihrem Mitarbeiter (Teamleiter) ein Team zur Seite stehen, informieren Sie, gemeinsam mit ihm, die Mitglieder des Teams und erklären Sie Ihnen, warum dieses Ziel / diese Ziele notwendig sind und erreicht werden müssen. Die Beteiligung

des Teamleiters an der Zielfindung und die Informierung der Mitarbeiter im Rahmen einer Mitarbeiterbesprechung stärken das Interesse an der Aufgabe.

Achtung! Bitte beachten!
Wird das Erreichen eines vereinbarten Ziels mit einer Bonuszahlung belohnt, ist diese Zielvereinbarung, soweit schriftlich vereinbart, arbeitsrechtlich als Ergänzung zum bestehenden Arbeitsvertrag zu betrachten!

Was versteht man aber eigentlich unter einem Ziel? Würden Sie diese Frage einem Sportler stellen, dürfte die Antwort ziemlich eindeutig ausfallen. Ziele sind z. B. am weitesten bzw. am höchsten zu springen, am schnellsten zu laufen usw. = alles Kriterien, die für einen kurzfristigen Zeitaufwand klar messbar sind.

Bei der Mitarbeiterführung sollen Zielvereinbarungen einen anderen Effekt auslösen. Das Erreichen eines Ziels soll in erster Linie Zufriedenheit, Motivation und Leistungssteigerung bei dem Mitarbeiter erzeugen. Erst danach kommen materielle Aspekte, z. B. Steigerung von Umsatz, Ertrag und Gewinn. So sind in der Berufswelt die am häufigsten vereinbarten Ziele auf Veränderungen eines vorhandenen Ist-Zustands bezogen. Sie sollen als Leistungsanreiz verstanden werden. Arbeitswissenschaftler bezeichnen derartige Ziele als sogenannte ›Handlungsziele‹. Das besondere Merkmal von ›Handlungszielen‹ ist die Überwachung ihres Erfüllungsgrades – nicht nur zum Ende des vereinbarten Zeitraums, sondern auch in festgelegten Zwischenintervallen.

Wichtige Aspekte bei Zielvereinbarungen:

- Zielvereinbarungen, die nicht kontrolliert werden, erzielen nur kurzfristig eine Leistungssteigerung der Mitarbeiter, um danach auf ein absolutes Tief zurückzufallen. Mitarbeiter begründen diesen Leistungsabfall häufig mit einem bekannten Statement: „Es ist doch völlig egal, ob ich gute oder schlechte Arbeit abliefere!“
- Zielvereinbarungen bei denen festgelegte Kontrollen im laufenden Prozess erfolgen und ggf. Korrekturen für eine erfolgreiche Zielerreichung umgesetzt werden, halten die Leistungssteigerung der Mitarbeiter auf einem hohen Niveau. Auch diese Situation ist mit einem bekannten Statement zu beschreiben: „Meine Arbeit ist für die Firma sehr wertvoll und für meine Vorgesetzten von hoher Bedeutung!“

Ein wichtiges Werkzeug für das Erreichen von Zielvereinbarungen ist die Kontrolle. Doch kein Mitarbeiter hört dieses Wort gern. Deshalb verzichtet so manche Führungskraft darauf, allein schon deshalb, um unangenehmen Gesprächen aus dem Weg zu gehen. Entscheidend dafür ist die Art einer Kontrolle:

- Das kommentarlose Übermitteln von Reports bzw. Leistungszahlen ist ein häufiges Procedere in einem Unternehmen. Sollten Sie allerdings diese Reports unkommentiert Ihrem Mitarbeiter weiterleiten, zeugt Ihr Verhalten eher davon, dass bei dieser gemeinsam vereinbarten Zielvereinbarung doch nicht die Leistungssteigerung des Mitarbeiters im Vordergrund steht, sondern ausschließlich die „nackten Zahlen" von Interesse sind. So machen Sie sich als Führungskraft unglaubwürdig. Die Unzufriedenheit des Mitarbeiters wird sich in entsprechenden Kommentaren deutlich machen, z. B. „Mein Chef sieht meine Arbeitsleistung sowieso nicht. Ihn interessieren nur die Zahlen!"
- Die gemeinsame Kontrolle von Ihnen und dem Mitarbeiter, unter Zuhilfenahme des Protokolls des Zielvereinbarungsgesprächs, zeugt von Ihrem Interesse an der Arbeit des Mitarbeiters. Gemeinsam werden die bereits erreichten Zwischenziele analysiert, ggf. korrigiert und ein positiver Fokus auf die nächsten Schritte gerichtet. Der Arbeitseinsatz Ihres Mitarbeiters erhöht sich signifikant und Sie erfahren als Führungskraft einen hohen Respekt. Auch diese Situation wird durch Kommentare deutlich gemacht, z. B. „Mein Chef hat großes Interesse an meiner Arbeit. Er respektiert meine gute Leistung und beteiligt mich am Entscheidungsprozess!"

8.4.1 Checkliste für ein Zielvereinbarungsgespräch

Nachfolgend eine Checkliste, die den Ablauf einer Zielerreichung visuell darstellt. Als Führungskraft können Sie mit dieser einfachen Liste Ihre Mitarbeiter in der Umsetzung der Zielvorgabe unterstützen. Offen ausgelegt kann sich jeder Mitarbeiter – und auch Sie – über den Stand des Prozesses informieren. Diese Checkliste wäre noch das „i-Tüpfelchen" eines erfolgreichen Zielvereinbarungsgesprächs.

Schritt 1	Definieren Sie ein konkretes Ziel – Was soll erreicht werden?
Schritt 2	Gliedern Sie das Ziel nach der SMART-Regel auf.
Schritt 3	Erstellen Sie eine To-do-Liste mit allen geplanten und zielführenden Maßnahmen.

Schritt 4	Sortieren Sie die To-do-Liste nach Prioritäten und hinterlegen Sie bei jeder Position eine zeitliche Abfolge.
Schritt 5	Erstellen Sie einen Ablaufplan und hängen Sie diesen Plan offen, für alle Beteiligten einsehbar, auf.
Schritt 6	Lassen Sie die Mitarbeiter die ersten To-dos abarbeiten.
Schritt 7	Streichen Sie die erledigten Aufgaben aus dem einsehbaren Plan.

8.5 SMART

Wenn bisher über Ziele bzw. Zielvereinbarungen geschrieben wurde, stellt sich folglich eine entscheidende Frage:

Wie sollen Ziele eigentlich ausgestattet sein?

Arbeitswissenschaftler haben in den vergangenen Jahren auf diese Frage Antworten gefunden und eine Theorie erarbeitet, die Grundlage für alle vereinbarten Ziele werden sollte: Die SMART-Regel.

Die Arbeitswissenschaftler sind mit SMART davon ausgegangen, dass eine Zielvereinbarung häufig daran scheiterte, dass deren Formulierung nur oberflächlich und nicht detailliert erfolgte. Ein klassisches, gleichzeitig aber schwammig formuliertes Ziel war z. B. „Wir wollen im nächsten Jahr den Firmenumsatz deutlich steigern!" Bei diesem formulierten Ziel stellen sich sofort für den Betrachter vier Fragen, alle beginnend mit einem „W-Wort":

Wer ist mit „wir" gemeint?

Was wird unter „deutlich" verstanden?

Wo steht der Firmenumsatz heute?

Wie sehen die Maßnahmen für „wollen" aus?

Des Weiteren entstehen bereits nach Bekanntgabe dieses schwammig formulierten Unternehmensziels weitere Fragen, die nach Ablauf des „nächsten" Jahres gestellt werden könnten, ebenfalls alle beginnend mit dem Buchstaben „W":

- Wer hat die Entscheidung getroffen, ob tatsächlich ein Plus erwirtschaftet wurde?
- Wie wurde das Plus erwirtschaftet?
- Wurde dieses Plus mit der normalen Arbeitsleistung erzielt?
- Wäre dieses Plus mit einer weitaus größeren Arbeitsleistung noch positiver ausgefallen?

Genau aufgrund dieser aufkommenden Fragen wurde die SMART-Regel entwickelt.

SMART steht für:

S = spezifisch

M = messbar

A = akzeptiert

R = realistisch

T = terminiert

Jede Führungskraft sollte die SMART-Regel nicht nur kennen, sondern auch umsetzen. Diese Regel gilt mittlerweile als Standardwerkzeug einer erfolgreichen Mitarbeiterführung.

Die Komponenten der SMART-Regel sollen für alle vereinbarten Ziele Gültigkeit besitzen und folgende Kriterien erfüllen:

spezifisch

Ziele sollten grundsätzlich so genau wie möglich definiert werden. Die Zielsetzung „... den Firmenumsatz deutlich steigern" sagt vom Grundsatz her nichts aus. Spezifischer wäre z. B. „Eine Steigerung des Firmenumsatzes in Höhe von drei Prozent." Dieses Ziel ist klar und messbar, also spezifisch.

messbar

Ziele können grundsätzlich nur sinnvoll sein, wenn sie messbar und ggf. kontrollierbar sind, am besten von dritten Personen. Die Schwierigkeit sinnvoller Ziele liegt in ihrer Wertigkeit. Bei einer „harten" Zielvorgabe, z. B. Umsatz, Ertrag und Rendite eines Unternehmens, wird es keine Schwierigkeiten geben. Diese Zielvorgaben sind mit den Zahlen des Vorjahres problemlos zu vergleichen und auch nur begrenzt interpretierbar.

Anders verhält es sich mit den „weichen" Zielvorgaben. Dazu zählen z. B. Verbesserungen in internen Abläufen. Eine klassische Zielvorgabe ist die „Verbesserung der Kommunikation intern". Auf den ersten Blick ist es kaum möglich, für diese Zielerreichung eine Bewertung abzugeben. Daher „mutieren" derartige Zielvorgaben mehr oder weniger zu Wünschen und werden in internen Kurzmitteilungen an alle Abteilungen versendet. Geht man allerdings weiter in die Tiefe, lassen sich auch solche Wünsche in Zielvorgaben ändern, z. B. über eine Messung der Anzahl durchgeführter Mitarbeitergespräche, die Häufigkeit von Teambesprechungen oder die zeitliche Differenz zwischen Mail-Anfrage und Mail-Antwort.

akzeptiert

Dieses Kriterium soll die Einstellung des Mitarbeiters beschreiben. Nur wenn ein Mitarbeiter das vorgegebene Ziel akzeptiert, vielleicht auch attraktiv findet und hinter der Zielerreichung steht, funktioniert eine motivierende Mitarbeiterführung. Um dies zu erreichen, müssen folgende Umstände greifen:

1. Den vereinbarten Zielen darf vom Mitarbeiter nicht widersprochen werden. Sie, als Führungskraft, stehen hinter den Zielen. So kann er sie akzeptieren.

2. Ziele sollten grundsätzlich positiv formuliert werden. Eine negative Formulierung wäre z. B.: „Dies sollte unbedingt vermieden werden!" oder „Lassen Sie bloß die Finger davon. Das ist nicht zielführend!"

realistisch

Ziele sollten niemals unrealistisch sein. Das würde bereits zu Beginn die Zielerreichung untergraben, da der Mitarbeiter von vornherein weiß, dass er dieses Ziel nicht erreicht. Es wäre als Führungskraft auch töricht, zu glauben, die Leistung und den Willen eines Mitarbeiters mit hohen Zielen zu reizen. Eher das Gegenteil wird eintreten. Der Mitarbeiter ist, aufgrund des Gefühls des Versagens, äußerst demotiviert. Eine sehr schlechte berufliche Beziehung zwischen Führungskraft und Mitarbeiter! Beachten Sie daher genau die Reaktion Ihres Mitarbeiters bei der Zielfestlegung und verabschieden Sie gemeinsam nur realistische Ziele.

terminiert

Ziele müssen grundsätzlich mit einem Fixtermin verbunden sein. Ansonsten wird Ihr Mitarbeiter mit einer Laissez-faire-Mentalität an diese Aufgabe herangehen. Das bedeutet nicht unbedingt, dass er keine Leistung an den Tag legt, aber eben eine mit reduziertem Elan. Im schlechtesten Fall scheitert der Prozess und damit die Zielvereinbarung. Bei diesem Kriterium unterscheidet man drei Varianten einer Zielsetzung, wobei die betreffenden Adjektive für eine feststehende Zeitspanne stehen:

1. Die taktische Zielsetzung (Zeitspanne = 1 Jahr)
2. Die operative Zielsetzung (Zeitspanne = 1 bis 3 Jahre)
3. Die strategische Zielsetzung (Zeitspanne = ab 3 Jahre)

Bei Zielvereinbarungen ist es nicht ungewöhnlich, dass diese über einen längeren Zeitraum als bis zum nächsten jährlichen Gespräch laufen, insbesondere bei Unternehmen, die sich in einem organisatorischen Wandel, z. B. durch die Übernahme durch ein anderes Unternehmen, befinden. Im IT-Bereich ist dies eine durchaus gängige Situation. Bei den Zielsetzungen größer als ein Jahr ist das endgültige Ziel zwar definiert, allerdings angepasst auf eine jährliche Zielerreichung. Das bedeutet, dass bei Aufnahme von Zielvereinbarungsgesprächen bereits Ziele vorgegeben sind, die allerdings auf Ihre Wertigkeit hin überprüft und ggf. angepasst werden müssen.

9. Neu als Führungskraft

Bisher haben Sie eine Vielzahl von Informationen erhalten, wie eine Führungskraft agieren sollte. Aber ein wichtiges Ereignis wurde bisher noch nicht beschrieben. Sie werden zur Führungskraft ernannt! Wie reagieren Sie jetzt? Was könnte Sie erwarten? Eines wissen Sie allerdings bereits: Die fachliche Arbeit wird sich verringern, dafür werden die Delegation von Aufgaben, die disziplinarische Verantwortung für Ihre Mitarbeiter und noch viele neue, unbekannte Herausforderungen vor Ihnen liegen.

Doch wie schaffen Sie es, von den ehemaligen Kollegen bzw. von den neuen Mitarbeitern akzeptiert zu werden? Schließlich müssen Sie erst einmal in diese neue Rolle hineinwachsen. Gerade in den ersten 100 Tagen wird es reichlich Stolperfallen geben, die Sie vermeiden sollten, insbesondere deshalb, weil diese Fehler meistens von anderen Führungskräften bereits gemacht wurden.

Ein entscheidender Faktor für Ihre zukünftige Berufskarriere als Führungskraft ist allerdings der Umstand, wie Sie zur Führungskraft ernannt werden. Grundsätzlich gibt es dafür drei Möglichkeiten:

- Sie werden vom Mitarbeiter zur Führungskraft.
- Sie werden vom Kollegen zur Führungskraft.
- Sie werden als Führungskraft neu eingestellt.

Um sich auf Ihre neue Aufgabe gut vorzubereiten, sollten Sie sich mit den Themen beschäftigen, die in den vorherigen Kapiteln beschrieben wurden. Dies ist insbesondere wichtig, da Führungskräfte heutzutage nicht mehr ausschließlich aufgrund ihrer Fachkompetenz ernannt werden, sondern vielmehr eine hohe Führungskompetenz erkennbar sein muss. Nachfolgend sieben Tipps, wie Sie sich auf die Rolle als Führungskraft vorbereiten können.

Tipp 1: Definieren Sie für sich Ihre Rolle als Führungskraft!

Mit diesem Tipp ist nicht gemeint, dass Sie Ihre Stellenbeschreibung als Grundlage dieser Definition zur Hilfe nehmen. Eine Stellenbeschreibung ist genau betrachtet nichts anderes als eine To-do-Liste, also eine Sammlung von Tätigkeiten bzw.

Aufgaben, die Sie zu erledigen haben. Mit einer Stellenbeschreibung werden Sie an genau diese Erledigungen erinnert.

Bei der Definition Ihrer Rolle geht es eher um Ihre Persönlichkeit und Ihr Bewusstsein, mit dieser Verantwortung als Führungskraft umzugehen. Etwas deutlicher wird es vermutlich mit dem folgenden Beispiel und dessen Erläuterung.

BEISPIEL:

Stellen Sie sich einmal folgende Situation vor: In Ihrem Unternehmen wurden 10 Teams zusammengestellt, die alle die gleiche(n) Aufgabe(n) im gleichen Prozess erfüllen sollen. Jedes Team wird von einer Teamleitung (Führungskraft!) geführt.

ERLÄUTERUNG:

Wie werden die einzelnen Stellenbeschreibungen dieser Teamleiter aussehen? IDENTISCH! Was aber nicht identisch sein wird, sind zum einen die jeweiligen Führungskräfte und insbesondere die Mitarbeiter der jeweiligen Teams. Sie werden im täglichen Umgang mit Ihrem Team sehr schnell Unterschiede zu den anderen Teams feststellen. Das eine Team benötigt eine harte Führung, das andere Team eher eine weiche Führung. Für die Mitglieder des einen Teams soll die Führungskraft der „Kümmerer“ sein, beim anderen Team ist eher der „Entscheider“ gefragt. Sie sind also mehr denn je gefordert, die passende Rolle für Ihr Team einzunehmen.

TIPP ZUR ROLLENFINDUNG:

➢ Notieren Sie sich einige wichtige Aufgaben, die von Ihnen als Führungskraft erwartet werden. Als Quelle können Sie die Stellenbeschreibung bzw. Hinweise aus Ihrem Mitarbeitergespräch nehmen.
➢ Betrachten Sie jetzt diese Notizen und markieren Sie die Aufgaben, mit denen Sie sich zu 100 Prozent im Einklang befinden.
➢ Nun besprechen Sie diese Notizen mit den Mitgliedern Ihres Teams und ermitteln, womit sich die Mitarbeiter identifizieren können.

Die Schnittmenge aus allen drei Statements kann man als individuell bezeichnen und sollte in Ihre Rolle als Führungskraft einfließen.

Tipp 2: Verändern Sie nicht sofort die Struktur Ihres Teams!

Neue Führungskräfte verfallen häufig in einen radikalen Veränderungsmodus. Sie sprühen voller Ideen, wie man Prozesse verändern und vor allem schneller machen kann. Doch bedenken Sie: Neue Ideen sind nicht grundsätzlich schlecht! Es kommt auf die Dosis an. Bedenken Sie, dass Veränderungen, selbst wenn sie effizient sind, zuerst einmal unter den Mitarbeitern Unruhe hervorrufen. Schließlich muss man aus einer Routine, einer Wohlfühlsituation auf eine neue Herausforderung umschalten. Das gefällt nicht jedem Mitarbeiter. Was Sie allerdings als neue Führungskraft auf keinen Fall benötigen, ist Unruhe. Dabei ist Unruhe gleichzusetzen mit Verlusten; im Prozess, beim Ertrag, bei der Motivation usw. Bevor Sie Veränderungen vornehmen, analysieren Sie das Vorhandene zuerst:

- Sammeln Sie so viele Informationen wie möglich.
- Binden Sie Ihre Mitarbeiter bei Veränderungen, insbesondere bei der Analyse, mit ein.
- Weisen Sie alternative Vorschläge aus dem Kreis der Mitarbeiter nicht sofort zurück. Nicht nur Sie haben neue Ideen, auch Ihre Mitarbeiter können zu Veränderungen sicherlich einiges beitragen.

Tipp 3: Nutzen Sie die unterschiedlichen Qualitäten Ihrer Mitarbeiter und delegieren Sie Aufgaben!

Scheuen Sie nicht, Ihre Mitarbeiter in einen Prozess der Veränderung mit einzubeziehen. Delegieren Sie Aufgaben! Delegieren hilft nicht nur auf der einen Seite, Zeit einzusparen, sondern auf der anderen Seite motivieren Sie auch Ihre neuen Mitarbeiter. Wenn Sie Mitarbeiter in Entscheidungen / Veränderungen einbinden, fördern Sie dadurch nicht nur deren Identifikation mit den Umänderungen, sondern vorrangig auch deren Motivation. Ihr Ansehen als neue Führungskraft wird enorm steigen.

Allerdings haben neue Führungskräfte gerade beim Delegieren erhebliche Probleme. Sie denken sehr konservativ, frei nach dem Motto: „Ich bin Führungskraft geworden, weil ich vieles besser einschätzen kann als die Mitarbeiter!“ Sie werden schnell feststellen, dass diese „One-Man-Show“ nicht funktioniert, insbesondere, wenn die Anzahl der Aufgaben ein Maß überschreiten, das Sie selbst nicht abarbeiten können.

Bedenken Sie ebenso, dass angekündigte Veränderungen auch scheitern können – meistens, wenn nicht ausführlich analysiert wurde. Derartige Situationen schaden Ihrem Ansehen gewaltig und es ist im Regelfall kaum eine Reputation möglich.

Erfahrene Führungskräfte schenken allerdings Ihren Mitarbeitern Vertrauen, delegieren Arbeiten und lassen den Mitarbeitern Erfolg zukommen. Das ist gelebte Führungskompetenz!

Tipp 4: Kommunizieren Sie mit Ihren Mitarbeitern durch indikative Worte!

Mitarbeiter schätzen an Ihren Führungskräften, wenn diese authentisch und wertschätzend auftreten, eine klare Kommunikation mit ausgeprägter Rhetorik vorweisen und einfach sicher auftreten.

Achten Sie bei Ihrer Kommunikation darauf, dass Sie möglichst wenig konjunktive Worte nutzen. Begriffe, wie z. B. wahrscheinlich, vermutlich, möglich, könnte sein usw., beschreiben lediglich Möglichkeiten. Mit dieser Wortwahl wirken Sie auf Ihre neuen Mitarbeiter unsicher. Besser wäre eine Kommunikation mit indikativen Worten, z. B. klar, deutlich, feststehend, realistisch usw. Mit der Wahl dieser Worte wirken Sie auf Ihre Mitarbeiter fest und stilsicher, wie ein Fels in der Brandung.

BEISPIEL KONJUNKTIVER SATZ:

Sie an Hr. Schulze gerichtet = „Ich würde es als vorteilhaft empfinden, wenn Sie sich bereit erklären könnten, dieses Projekt zu übernehmen!"

BEISPIEL INDIKATIVER SATZ:

Sie an Hr. Schulze gerichtet = „Hr. Schulze, Sie übernehmen mit sofortiger Wirkung dieses Projekt!"

Des Weiteren sollten Sie darauf achten, nicht zu defensiv mit Ihren Mitarbeitern zu kommunizieren. Die klassische, defensive Kommunikation beinhaltet z. B. Entschuldigungen. Kommunizieren Sie stets offensiv.

BEISPIEL DEFENSIVER SATZ:

Sie kommen als Letzter in eine Besprechung.

„Ich bitte mein Zuspätkommen vielmals zu entschuldigen, aber mein Zug hatte 20 Minuten Verspätung!"

Diese Wortwahl wirkt auf Ihre Mitarbeiter zu weich, im Sprachgebrauch würde man Sie als Weichei bezeichnen. Sie entschuldigen sich für etwas, das Sie nicht zu verantworten haben. Schließlich haben Sie den Zug nicht gesteuert.

BEISPIEL OFFENSIVER SATZ:

„Guten Tag, hoffentlich habe ich nicht zu viel verpasst. Mein Zug hatte leider 20 Minuten Verspätung!"

Tipp 5: Stellen Sie von Anfang an eine ehrliche Beziehung zu Ihren Mitarbeitern her!

Unstimmigkeiten zwischen Ihnen als Führungskraft und Ihren Mitarbeitern wirken sich negativ auf Motivation und Zufriedenheit aus. Erkennen können Sie diesen Zustand daran, dass die Mitarbeiter nur bedingt einen positiven Einsatz zeigen. Sollte diese Situation eintreten, stehen aber nicht die Mitarbeiter im Fokus, sondern Sie als verantwortliche Führungskraft. Der Vorwurf wird lauten: Diese Situation basiert auf Ihrer fehlenden Sozialkompetenz.

Eine harte Aussage, zumal Sie sicherlich immer versucht haben, Ihren Mitarbeitern in allen Fragen gerecht zu werden. Behandeln Sie daher alle Mitarbeiter gleich fair, aber individuell und bauen Sie eine vertrauensvolle, berufliche Beziehung zu ihnen auf. Dies ist umso wichtiger, als dass sich in der heutigen Arbeitswelt ein neuer Trend entwickelt hat. Nicht nur Führungskräfte werden mittlerweile an ihrer Kompetenz gemessen, auch ihre Mitarbeiter fordern eine Wertschätzung ihrer Kompetenz, verbunden mit ihren Fähigkeiten, ein.

Trotz aller Wertschätzung kann es aber immer wieder zu Unstimmigkeiten bzw. Widerständen kommen. Gehen Sie davon aus, dass jeder aufkommende Widerstand ein Zeichen für ein nicht wertgeschätztes Bedürfnis des Mitarbeiters ist. Für Sie ist es in diesem Moment äußerst wichtig, diesen Widerstand aufzulösen. Die einfachste Lösung ist das gemeinsame Gespräch! Leider gerät aber dieser Versuch häufig in eine abwärts führende Richtung. Der Mitarbeiter wird seine

Sichtweise darstellen, die Führungskraft auf Notwendigkeiten hinweisen. Im Ergebnis findet man keinen gemeinsamen Kontext und der Widerstand des Mitarbeiters verstärkt sich. Motivation und der Wille zur Zusammenarbeit bewegen sich in einen Abwärtstrend.

Schlussendlich ist aber die gemeinsame Kommunikation der Weg zur Lösung. Dabei sollte aber die berufliche Beziehung zwischen Führungskraft und Mitarbeiter klar definiert sein. Sprechen sie beide, bevor man sich an das eigentliche Problem macht, über die Unterschiede zwischen Führen und Geführt-Werden. Aber vermeiden Sie eine naheliegende Arroganz, die durch die berufliche Position vorgegeben sein könnte, und akzeptieren Sie die Meinung des Mitarbeiters, auch wenn beide Meinungen auseinanderliegen. Dieses Gespräch muss auf Augenhöhe stattfinden. Vier Begriffe aus dem Bereich Führung sollten dabei gegenseitig definiert werden:

- Führung
- Respekt / Akzeptanz
- Autorität

Unter **Führung** versteht man heutzutage das ernsthafte Verlangen, zum Erreichen eines Unternehmensziels gemeinsam zu arbeiten, auch wenn es unterschiedliche Ansichten gibt. Das Unternehmensziel steht grundsätzlich im Vordergrund!

Respekt / Akzeptanz muss beidseitig gewährt sein. Es muss gewährleistet sein, dass offen und ehrlich über gegenseitige Bedürfnisse und Erwartungen gesprochen wird.

Unter **Autorität** versteht man die Bereitschaft, andere Ideen zu betrachten und ggf. als Lösung anzusehen. Diese notwendige Bereitschaft entsteht allerdings nur, wenn sich beide Parteien, sowohl Führungskraft als auch Mitarbeiter, von ihrer vermeintlichen Unfehlbarkeit lösen und nach einem gemeinsamen Konsens suchen.

Ehrliche, offene Beziehungen zwischen Führungskraft und Mitarbeitern erfordern von beiden Seiten Veränderungen in der gegenseitigen Haltung bzw. dem Verhalten. Das Ergebnis ist aber eine neue Gesprächskultur und eine moderne Führungskultur.

TIPP:

Um in ein Gespräch zu gehen, das auf Augenhöhe stattfinden soll, können sich Führungskraft und Mitarbeiter quasi als Einstimmung mit folgenden Fragen beschäftigen. Die Antworten, die jeder für sich selbst finden muss, sollten aber nicht offengelegt werden. Gemeinsame Schnittstellen werden aber im Gespräch zu erkennen und damit hilfreich sein. Versuchen Sie doch selbst einmal, jeweils aus Sicht der Führungskraft und aus Sicht des Mitarbeiters Antworten auf diese Fragen zu finden.

Fragen für die Führungskraft

- Was muss mein Mitarbeiter leisten, damit ich ihn optimal führen kann?

Antwort:

....

- Was kann ich in eine optimale Führung einbringen?

Antwort:

....

- Aus welchen Gründen sollte mein Mitarbeiter sich führen lassen?

Antwort:

....

- Was kann mein Mitarbeiter von meiner Führung erwarten?

Antwort:

....

- Welche Mittel stehen mir für eine offene Kommunikation zur Verfügung?

Antwort:

....

Fragen für den Mitarbeiter

- Was erwarte ich von meiner Führungskraft, um mich optimal zu führen?

Antwort:

....

- Welche eigenen Fähigkeiten kann ich stärker in eine optimale Führung einsetzen?

Antwort:

....

- Welche Eigenschaften von mir können eine optimale Führung verhindern?

Antwort:

………………………………………………………………………………………………………

- Was kann meine Führungskraft von mir erwarten?

Antwort:

………………………………………………………………………………………………………

- Welche Mittel stehen mir für eine offene Kommunikation zur Verfügung?

Antwort:

………………………………………………………………………………………………………

Tipp 6: Nutzen Sie das Motivationsmittel ›Anreize‹ für Ihre Mitarbeiter!

Das Thema ›Motivation von Mitarbeitern‹ wurde bereits mehrmals in den vorherigen Kapiteln beschrieben. Wussten Sie aber, dass Sie sogenannte greifbare Motivationstechniken einsetzen können? Zu den beliebtesten greifbaren Motivationsmitteln gehören Anreize. Eine langfristig positive Wirkung zeigen Anreize allerdings nur, wenn sie zum richtigen Zeitpunkt und vor allem clever eingesetzt werden.

Was unterscheidet aber Anreize von den herkömmlich bekannten Motivationstechniken? Die bekannten Techniken, z. B. Lob und Anerkennung, erzeugen ein angenehmes Glücksgefühl, das von innen heraus kommt. Ihre Wirkung ist also eher psychologischer Natur. Anreize dagegen sind materieller Natur und erzeugen als äußere Einflüsse ein greifbares Glücksgefühl. Der Vorteil von Anreizen liegt darin, dass Mitarbeiter wissen, was bei erzielter Leistung auf sie zukommt, z. B. eine außerordentliche Prämie. Als neue Führungskraft müssen Sie aber wissen, dass Anreize nur kurzfristig motivieren (bis zum Erreichen der Prämie). Es besteht sogar das Risiko der Demotivation, spätestens dann wenn das Ziel nicht erreicht wird und die Anreize daher kein Glücksgefühl erzeugen. Als neue Führungskraft müssen Sie dies besonders beachten. Starten Sie nicht gleich mit negativen Erfahrungen!

Damit Sie als neue Führungskraft nicht in diese Situation kommen, sollten Sie Folgendes beachten:

- Setzen Sie Anreize nur gezielt ein.
- Kommunizieren Sie die Anreize klar und deutlich.
- Verwenden Sie Anreize nach einheitlichen Regeln.

- Prüfen Sie regelmäßig, ob die verwendeten Anreize überhaupt Wirkung zeigen.

Setzen Sie Anreize nur gezielt ein

Langjährige Führungskräfte neigen dazu, Anreize einzusetzen, um ihre Mitarbeiter zu noch mehr Leistung aufzufordern. Insbesondere bei Mitarbeitergesprächen sind Anreize immer wieder als Schlusspunkt im Protokoll hinterlegt. Doch mit der Masse verfliegt auch der Wille. Soll heißen: Der Mitarbeiter geht bereits davon aus, dass

1. er eigentlich immer davon ausgehen kann, dass bei jedem Mitarbeitergespräch ein Anreiz in Form einer Prämie vereinbart wird.
2. dieser Anreiz locker erreichbar ist und somit eine Prämie ausgezahlt wird.

Derartige Anreize erzeugen allerdings keine Motivation, sondern eher „Normalität" beim Mitarbeiter. Ganz nebenbei werden diese Anreize teuer bezahlt, nicht wissend, ob die gewünschten Effekte überhaupt eintreffen.

Deshalb ist es für Sie als neue Führungskraft besonders wichtig, Anreize gezielt einzusetzen. Anreize sind keine Pflichtbestandteile eines Mitarbeitergesprächs! Ermitteln Sie immer zuerst, ob überhaupt Bedarf für einen Anreiz besteht. So können Sie Anreize bedarfsgerecht und gezielt einsetzen und mit wenig Aufwand ein herausragendes Ergebnis erzielen.

Kommunizieren Sie die Anreize klar und deutlich

Als neue Führungskraft haben Sie häufig das Problem, nicht zu wissen, welche Möglichkeiten an Anreizen Sie im Unternehmen überhaupt anwenden können. Sollten auch die Mitarbeiter nicht wissen, welche Anreize ihr Arbeitgeber anbietet, werden mögliche Potenziale einer Leistungssteigerung zum einen nicht erkannt, zum anderen nicht ausgeschöpft. Daher ist es besonders wichtig, dass Sie Varianten der Anreize klar und deutlich kommunizieren. Gleichzeitig müssen Sie in den Gesprächen mit Ihren Mitarbeitern detailliert erläutern, warum Sie gerade diesen und keinen anderen Anreiz einsetzen. Der Mitarbeiter muss dies nachvollziehen können.

Verwenden Sie Anreize nach einheitlichen Regeln

Es sollte eigentlich selbstredend sein, dass Anreize, wenn sie denn zum Einsatz kommen, nach einheitlichen Regeln vergeben werden. Der Mitarbeiter „A“ kann für die gleiche Zielvorgabe nicht anders gereizt werden als der Mitarbeiter „B“. Sollte das in Ihrem Team bekannt werden, ist die Demotivation Ihrer Mitarbeiter ein Selbstläufer.

Aber nicht nur einheitliche Regeln sollten bestehen. Die Anreize sollten auch mit einem entsprechenden Engagement erreichbar sein. Nur, weil Sie dem einen Mitarbeiter Empathie entgegenbringen, dem anderen aber nicht, dürfen identische Anreize niemals mit einem unterschiedlichen Aufwand erzielt werden. Umgekehrt darf die Messlatte von Anreizen nicht zu hochgelegt werden. Spürt ein Mitarbeiter, dass das vereinbarte Ziel nicht erreicht werden kann, somit der vereinbarte Anreiz auch nicht zur Geltung kommt, wird er sich auf von Anfang an nicht engagieren.

Ein besonderer Vorteil von Anreizen ist, dass dieses Motivationsmittel individuell, aber auch gruppenorientiert eingesetzt werden kann. Während Lob und Anerkennung, ausgesprochen für das gesamte Team, nur die Mitarbeiter berührt, die sich wirklich engagiert haben, müssen mit einem gruppenorientierten Anreiz alle Mitglieder des Teams Engagement zeigen. Sollten Mitarbeiter bei der Umsetzung ausscheren, wird erfahrungsgemäß das Team dieses Problem selbst lösen.

Prüfen Sie regelmäßig, ob die verwendeten Anreize überhaupt Wirkung zeigen

Insbesondere als neue Führungskraft sollten Sie die Wirksamkeit der vereinbarten Anreize regelmäßig überprüfen. Dadurch zeigen Sie Ihren starken Willen gegenüber den Mitarbeitern. Bleiben Sie in ständigen Gesprächen mit den Mitarbeitern, hinterfragen Sie den laufenden Prozess und die „Etappen“, die bereits erledigt sind. Ideal wären wöchentliche bzw. zweiwöchige Teammeetings, in denen auch zusätzlich aufgekommene Probleme besprochen und Gegenmaßnahmen eingeleitet werden. So unterstützen Sie als Führungskraft den gemeinsamen Erfolg Ihres Teams.

Tipp 7: Geben Sie ein Feedback möglichst positiv und richtig formuliert!

Mitarbeiter benötigen, wie jeder Mensch, Anerkennung und Wertschätzung. Aber warum sind Anerkennung, Lob und Wertschätzung für Menschen eigentlich so wichtig? Weil Menschen mit ihrer Arbeit etwas erreichen, schaffen und aufbauen wollen. Das ist ein Urinstinkt der Menschheit und wird in der Wissenschaft als ›Selbstwirksamkeit‹ bezeichnet. Wissenschaftliche Studien haben ergeben, dass durch diese Selbstwirksamkeit das Motivationszentrum im menschlichen Gehirn aktiviert wird. Dieser biologische Automatismus kommt Ihnen, insbesondere als neue Führungskraft, sehr entgegen. Nutzen Sie diesen Automatismus und machen Sie sich Gedanken darüber, wie Sie diese Selbstwirksamkeit bei Ihren Mitarbeitern stärken können. Eine ausgesprochen effiziente Möglichkeit dafür wäre z. B. Ihr regelmäßiges Feedback darüber zu geben, wie Sie als Führungskraft Arbeit und Leistung der Mitarbeiter wahrnehmen. Doch wie formulieren Sie ein Feedback richtig, ohne verletzend zu werden?

Ein einfaches Hilfsmittel ist die 4-W-Methode, die Ihnen in vier Schritten helfen kann, eine richtige Formulierung für Ihr Feedback zu finden. 4-W steht dabei für:

W = Wahrnehmung (1. Schritt)

W = Wirkung (2. Schritt)

W = W-Frage (3. Schritt)

W = Wertschätzung (4. Schritt)

1. Schritt: Sie starten Ihr Feedback mit einer objektiven, wertfreien Wahrnehmung, z. B. mit folgendem Einstieg:
„Ich habe gesehen“ oder „Ich habe beobachtet“

2. Schritt: Fügen Sie jetzt die subjektive Wirkung Ihrer Wahrnehmung hinzu, z. B. mit:

„Ihr Verhalten gegenüber den Kollegen habe ich sehr positiv aufgenommen“ oder „Ihr Verhalten gegenüber den Kollegen ist ein Paradebeispiel für ein positives Teamgefühl“

3. Schritt: Geben Sie jetzt das Wort an Ihren Gesprächspartner weiter und bitten Sie um weitere Informationen zum Verhalten des Mitarbeiters. Durch die Einbindung des Mitarbeiters zeigen Sie nicht nur Interesse, sondern lassen den Mitarbeiter direkt an Ihrem Feedback teilhaben.

4. Schritt: Wertschätzen Sie das Verhalten Ihres Mitarbeiters und bestätigen Sie ihm seine ausgeprägte Selbstwirksamkeit.

Es ist selbstredend, dass persönliche Feedbacks grundsätzlich vertraulich geführt werden und für Außenstehende tabu sind.

10. Workbook für Führungskräfte

Innerhalb des Unternehmens zur Führungskraft befördert zu werden und zukünftig in einer weisungsbefugten Position zu arbeiten, ist sicherlich für jeden ein erstrebenswertes Ziel in seiner eigenen beruflichen Karriere. Doch für eine Beförderung zur Führungskraft müssen Sie eine Vielzahl von Qualifikationen vorweisen. Natürlich können Sie eine Vielzahl von Qualifikationen im Vorfeld erlernen. Sie können gezielt an Ihren Schwächen arbeiten, aber auch durch Ihre persönlichen Stärken in der neuen Funktion glänzen. Die Freude an der übertragenen Funktion und das dadurch geschenkte Vertrauen seitens der Unternehmensführung können aber sehr schnell in eine persönliche Krise führen.

Im Laufe Ihrer Führungsverantwortung werden Sie durch gesammelte Erfahrungen immer erfolgreicher werden, aber auch mit ziemlicher Sicherheit irgendwann an einen Punkt kommen, an dem Ihre Leistungsbereitschaft, Ihre Erfahrung, Ihr Erfolg und das dadurch gut verdiente Geld nicht mehr als alleiniger Fokus in Ihrem Leben ausreicht. Nicht umsonst ist der Anteil von Führungskräften, die durch eine erhöhte psychische Belastung an einem Burnout erkrankt sind, in den letzten Jahren massiv angestiegen. Es ist daher besonders wichtig, im Rahmen einer Führungsfunktion eine ausgeglichene Balance zwischen Beruf und Privatleben aufzubauen. Vielleicht argumentieren Sie jetzt, dass diese Balance doch recht einfach zu erreichen ist.

- Ich führe meine Mitarbeiter fair und problemlos!
- Ich sorge dafür, rechtzeitig in den Feierabend zu gehen!
- Ich genieße den wohlverdienten Feierabend!

Drei Argumente, die immer wieder von Führungskräften herangezogen werden. Doch leider sieht dies in der Praxis entscheidend anders aus! Das Bundesforschungs- und Beratungsinstitut für interdisziplinäre Technikgestaltung e. V. (BIT) hat in einer umfassenden Studie aus dem Jahr 2021 die psychische Belastung von 2.113 Führungskräften aller drei Hierarchieebenen untersucht.

- Obere Führungsebene = Top-Management
Beispiel: Geschäftsführer, Vorstand
- Mittlere Führungsebene = Middle-Management
Beispiel: Bereichsleiter, Hauptabteilungsleiter, Abteilungsleiter
- Untere Führungsebene = Lower-Management
Beispiel: Gruppenleiter, Büroleiter, Meister

Bei dieser Umfrage wurden zwei Werte ermittelt:

1. Die Wahrnehmung der psychischen Belastung (WERT 1)
2. Die persönliche Empfindung dieser psychischen Belastung (WERT 2)

ERGEBNIS DER UMFRAGE:

	WERT 1	WERT 2
Allgemeine emotionale Belastung	71 %	45 %
Zeitdruck	67 %	42 %
Störungen	63 %	41 %
Fehlende Ressourcen (Zeit/Geld)	53 %	39 %
Ungleichgewicht zwischen geforderter Arbeitsmenge und vorgesehener Arbeitszeit	42 %	32 %

Quelle: BIT-Datenbank von 02/2021

Das Ergebnis dieser Umfrage zeigt deutlich, dass etwa ⅓ der befragten Führungskräfte unter einer psychischen Belastung leidet. Dieses Ergebnis wird noch dadurch verstärkt, dass die angegebenen Belastungen auch mehrfach pro Führungskraft auftreten können.

Sie müssen als Führungskraft allerdings nicht das gleiche Schicksal wie viele andere erleben!

In den folgenden Kapiteln finden Sie einige Themen, bei denen Sie als Führungskraft dauerhaft psychischen Belastungen ausgesetzt sein könnten. Zusätzlich können Sie mit einigen Übungen feststellen, ob Sie bereits einer psychischen Belastung ausgesetzt sind bzw. Sie als Führungskraft geeignet sind. Letzteres lässt sich selbstverständlich mit Lernen, Lernen und nochmals Lernen nachholen.

10.1 EIGNUNG ALS FÜHRUNGSKRAFT

Um Ihre Mitarbeiter zu Topleistungen zu motivieren, sollten Führungskräfte neben einem großen Fachwissen auch ausgeprägte soziale und kommunikative Fähigkeiten besitzen. Die meisten Führungskräfte scheitern dabei allerdings kläglich, so dass die Ernennung zur Führungskraft auch sehr schnell wieder ein Ende finden kann. Diese Mitarbeiter zählen dann eher zu den „Machern" und weniger zu den „Führern". Sie sollten sich also bereits im Vorfeld der Beförderung im Klaren sein, ob Sie überhaupt für diese Funktion geeignet sind. Bedenken Sie, dass diese Funktion eine Menge von Ihnen abfordert, beginnend bei mehr Arbeit und endend bei Ihrer körperlichen Verfassung.

Wer sich nicht in der Lage sieht, als erfolgreiche Führungskraft arbeiten zu können, sollte lieber eine Ernennung zur Führungskraft ablehnen!

Es gibt aber eine Vielzahl von Möglichkeiten, um festzustellen, ob Sie als Führungskraft geeignet sind. Die einfachste Möglichkeit wäre ein persönlicher Selbsttest, wie z. B. das Muster im folgenden Kapitel.

10.1.1 Selbsttest zur Eignung als Führungskraft

Im folgenden Test müssen Sie eine Auswahl von Fragen beantworten, die alle mit dem täglichen Leben als Führungskraft zu tun haben. Bei den Fragen gibt es lediglich die Antwortmöglichkeiten „Ja" und „Nein". Analysieren Sie also die Fragen sehr gründlich und antworten Sie ehrlich! Das Ergebnis können Sie in Kapitel 10.6 erfahren.

Nr.	Frage	Ja	Nein
1	Können Sie eigene Fehler problemlos zugeben?		

2	Können Sie Kritik ehrlich und konstruktiv aussprechen?		
3	Sind Sie selbst kritikfähig und nehmen es nicht persönlich?		
4	Kennen Sie die Tätigkeiten Ihrer zukünftigen Mitarbeiter?		
5	Kennen Sie die Arbeitsbereiche Ihrer zukünftigen Mitarbeiter?		
6	Sind Sie offen für Vorschläge Ihrer zukünftigen Mitarbeiter?		
7	Sind Sie für Ihre Mitarbeiter stets ansprechbar?		
8	Können Sie Probleme rechtzeitig erkennen?		
9	Können Sie gemeinsam mit Mitarbeitern nach Lösungen suchen?		
10	Können Sie Mitarbeitern verständliche Anweisungen geben?		
11	Ermitteln Sie regelmäßig Stärken und Schwächen Ihrer Mitarbeiter?		
12	Können Sie Mitarbeiter motivieren, vorhandene Fähigkeiten zu erweitern?		
13	Wollen Sie die Weiterbildung der Mitarbeiter fördern?		
14	Behandeln Sie Mitarbeiter grundsätzlich gleich und fair?		
15	Können Sie realisierbare Ziele festlegen?		
16	Werden Sie das Erreichen von Zielen regelmäßig überprüfen?		

17	Können Sie sich in die Lage anderer Menschen versetzen?		
18	Stehen Sie grundsätzlich zu Ihren Aussagen?		
19	Vertreten Sie Ihre Meinung überzeugend?		
20	Reagieren Sie auf Überraschungen kreativ und flexibel?		
Summe der Antworten mit „Ja“ und „Nein“		?	?

10.2. PRIORITÄTEN SETZEN

Erfolgreiche Führungskräfte sollten ihren Fokus grundsätzlich auf die Festlegung einer Priorität für eine anstehende Aufgabe richten. Nur so können Sie verhindern, dass Ihnen die Aufgaben „über den Kopf wachsen“. Im Ergebnis würde dies zu Hektik, Unsicherheit und vor allem zu Fehlern führen. Alles Punkte, die in der Summe dazu führen, dass auch Sie zukünftig zu den unzähligen, psychisch belasteten Führungskräften zählen werden.

10.2.1 Wichtig und dringend

Lernen Sie daher möglichst schnell, die Begriffe **„wichtig“** und **„dringend“** zu unterscheiden. Diese Unterscheidung sollte einen entscheidenden Einfluss auf die Bestimmung der Priorität einer Aufgabe haben. Was ist aber **„wichtig“** und was ist **„dringend“**?

Wichtig sind Aufgaben, die nicht delegierbar sind und
a.) die zu einem bestimmten Termin erledigt sein müssen!
b.) bei denen dem Unternehmen möglicherweise ein wirtschaftlicher Verlust droht!

Dringend sind Aufgaben, die delegierbar sind und
a.) zu einem bestimmten Zeitpunkt erledigt sein müssen.

10.2.1.1 Beispiel: Wichtig und /oder dringend?

Sie haben von Ihrem Geschäftsführer den Auftrag erhalten, der Firma „XYZ" zum Ende des Monats ein Angebot für die Entwicklung eines neuen Software-Programms auszuarbeiten und zuzusenden. Dieses Angebot ist für das Unternehmen von besonderer Bedeutung, da schon länger kein gewinnbringender Auftrag eingegangen ist. Bis zum Ende des Monats sind es noch 25 Tage.

- Die Ausarbeitung des Angebotes ist zwar **wichtig** (= für das Unternehmen möglicherweise gewinnbringend), allerdings heute noch nicht **dringend** (= Sie haben noch 25 Tage Zeit bis zur Abgabe).
- Die Ausarbeitung des Angebotes wäre allerdings **wichtig** und gleichzeitig **dringend**, wenn der Abgabetermin bereits morgen wäre.

10.2.1.2 Das Eisenhower-Prinzip

Um Prioritäten einfach und nachvollziehbar festzusetzen, kann Ihnen eine Methode aus dem Bereich Zeitmanagement entscheidend helfen, das sogenannte Eisenhower-Prinzip. Dieses Prinzip, benannt nach dem ehemaligen US-Präsidenten Dwight D. Eisenhower (* 14.10.1890, † 28.03.1969) und auch von ihm praktiziert, basiert auf einer Matrix von vier Feldern, in der die anstehenden Aufgaben nach den beiden Kriterien **Wichtigkeit** und **Dringlichkeit** bzw. deren gemeinsamen Ausprägungen eingeordnet und jeweils einem Feld zugeordnet werden.

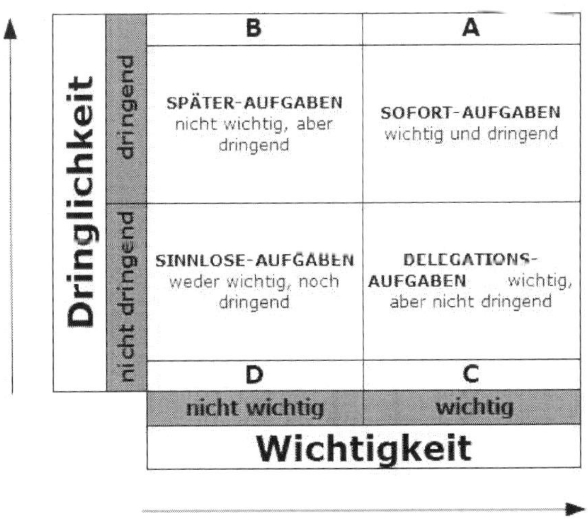

Mit dieser Matrix können Sie Ihre Aufgaben nach bestimmten Kriterien ordnen und Prioritäten festlegen, z. B. ob ...

- A = eine Aufgabe wichtig und dringend ist, folglich sofort von Ihnen erledigt werden sollte.
- B = eine Aufgabe zwar dringend, aber nicht wichtig ist. Diese Aufgaben können geplant, terminiert und später von Ihnen ausgeführt werden.
- C = eine Aufgabe zwar wichtig, aber nicht dringend ist. Diese Aufgaben können delegiert und folglich von anderen Mitarbeitern erledigt werden.
- D = eine Aufgabe, die weder wichtig noch dringend ist. Diese Aufgaben können als unwichtig betrachtet werden und unerledigt bleiben.

10.2.1.3 Übung zur Festlegung von Prioritäten

Nachfolgend wird Ihnen eine Aufstellung verschiedener Aufgaben vorgestellt. Ihre Aufgabe besteht jetzt darin, zu jeder Aufgabe eine Priorität (A-D) festzulegen und sich diese zu notieren, z. B. 1 A, 5 D usw. Das korrekte Ergebnis können Sie am Ende dieses Workbooks einsehen.

Lfd. Nr.	Aufgabe	A	B	C	D
1	Regelmäßig berufliche Mails aufrufen				
2	Unwichtige Mails umgehend beantworten				
3	Krisenmanagement umsetzen				
4	Kontakt zu einem neuen Kunden aufbauen				
5	Regelmäßig den täglichen Wetterbericht lesen				
6	Ein Angebot für einen Kunden ausarbeiten				
7	Eine Präsentation ausarbeiten				
8	Ersatz für einen erkrankten Mitarbeiter beschaffen				
9	Ständig Internetseiten aufrufen, um Nachrichten zu lesen				

10	Eine Projektarbeit starten				
11	Besprechungstermine festlegen				
12	Kundentermine festlegen				
13	Regelmäßig private E-Mails lesen				
14	Kunde wünscht einen Anruf innerhalb der nächsten Stunde				
15	Einem Mitarbeiter zum Geburtstag gratulieren				
16	Aktuelle Nachrichten in der Zeitung studieren				
17	Neue Termine für Schulungen festlegen				
18	An Umfragen im Internet teilnehmen				
19	Sortieren von Unterlagen				
20	Ihr Firmenfahrzeug auftanken. Sie fahren bereits am Limit.				

10.3 MUT ZUM DELEGIEREN

Das Delegieren gehört zu den wichtigsten Aufgaben einer Führungskraft. Durch das Delegieren von Aufgaben steigern Sie einerseits die Motivation Ihrer Mitarbeiter, schaffen sich aber andererseits entsprechenden Freiraum – entweder für andere Aufgaben oder, weitaus besser, für Ihre persönliche „Freizeit" zum Regenerieren. Eigentlich ein simples Handling! Trotzdem scheuen sich viele Führungskräfte vor dem Delegieren – vermutlich im Glauben, dass nur sie als Führungskraft in der Lage sind, Aufgaben erfolgreich zu erledigen. Sicherlich sind Ihnen folgende Aussagen nicht unbekannt:

- **„Ich kann das selbst am besten!"**
- **„Man kann sich auf niemanden verlassen!"**

Doch genau diese Führungskräfte sind die bevorzugten „Kandidaten" für einen klassischen Burnout.

10.3.1 Wie wird richtig delegiert?

Die Delegation einer Aufgabe setzt eine sehr gute Vorbereitung voraus. Der Mitarbeiter, dem eine Aufgabe übertragen wird, muss nicht nur die Fähigkeiten (Wissen und Können) besitzen, die für diese Aufgabe erforderlich sind, sondern auch die Bereitschaft zeigen, sich verantwortungsvoll dieser Aufgabe zu widmen.

>> Delegieren bedeutet Vertrauen schenken <<

>> Vertrauen schenken bedeutet weniger Arbeit <<

10.3.1.1 Zehn Punkte für ein erfolgreiches Delegieren

- Bereiten Sie Ihren Mitarbeiter gründlich auf seine Aufgabe vor (einarbeiten / einweisen / ausbilden).
- Fördern Sie das Mitdenken des Mitarbeiters durch Fragen, z. B.: „Wie können wir die Aufgabe optimal meistern, was meinen Sie?“
- Informieren Sie ggf. das ganze Team (Wer macht was und wie!).
- Erklären Sie den Arbeitsbereich und das angestrebte Ziel.
- Erklären Sie die Befugnisse und Verantwortlichkeiten genau und setzen Sie Grenzen der Zuständigkeit.
- Suchen Sie den / die Mitarbeiter mit den notwendigen Fähigkeiten aus.
- Lassen Sie Ihre / Ihren Mitarbeiter in Ruhe arbeiten und greifen Sie nicht andauernd in den Arbeitsprozess ein.
- Kontrollieren Sie Zwischen- und Endergebnisse.
- Kritisieren Sie Fehler grundsätzlich sachlich und zollen Sie gleichzeitig bei Erfolgen Anerkennung.
- Gegenüber Ihren Vorgesetzten übernehmen Sie die Verantwortung für Fehler. Kein Abschieben auf die Mitarbeiter!

10.4 ABBAU VON STRESS

Stress kann äußerst vielfältig auftreten und wird von jedem Menschen unterschiedlich empfunden. Wenn Sie in bestimmten Situationen Stress empfinden, könnte Ihr Gegenüber die gleiche Situation als Vergnügen empfinden. Zusätzlich besitzt Stress die Eigenart, sowohl positiv als auch negativ empfunden zu werden.

10.4.1 Was ist Stress?

Aus der medizinischen Sichtweise wird Stress folgendermaßen definiert:

Stress ist eine völlig normale körperliche Reaktion, bei der der menschliche Organismus kurzzeitig leistungsfähiger gemacht wird. Kurzzeitig auftretender Stress ist nicht gesundheitsschädlich und wird medizinisch als positiver Stress bezeichnet. Tritt Stress allerdings dauerhaft auf, kann der menschliche Organismus erhebliche, insbesondere seelische Schäden davontragen. Medizinisch wird dieser Umstand als negativer Stress bezeichnet.

10.4.2 Positiver / Negativer Stress

Darauf, dass Stress individuell und unterschiedlich empfunden wird, wurde bereits hingewiesen. Bei jeder Stresssituation, gleich ob körperlich oder psychisch, schüttet der Körper unterschiedliche Hormone aus. Bei positiven Situationen weniger, bei negativen Situationen allerdings erhebliche Mengen. Die bekanntesten Hormone sind dabei Adrenalin, Cortisol und Noradrenalin. Über einen längeren Zeitraum ausgestoßen, führen diese (Stress-)Hormone zu einer krankhaften, häufig auch gefährlichen Belastung des menschlichen Körpers. Neben dem allgemein bekannten Burnout können auch Schlafstörungen und Depressionen auftreten, letztere sogar bis hin zu einem Selbstmord.

10.4.2.1 Beispiele unterschiedlicher Empfindungen von Stress

Beispiel 1:
Sie gehen mit Ihrem Partner / Ihrer Partnerin spazieren. Ein großer Hund kommt Ihnen schwanzwedelnd entgegen. Sollten Sie ein Hundefreund sein, werden Sie sich über diese Reaktion des Hundes freuen und wollen ihn streicheln. Ihr Partner / Ihre Partnerin jedoch empfindet diese Situation, vermutlich durch negative Erfahrungen mit Hunden, eher bedrohlich und erlebt eine heftige Stresssituation, die bis zu einer durchaus lebensbedrohlich wahrgenommenen Panikattacke führen kann.

Beispiel 2:
Sie erleben eine heftige Auseinandersetzung zwischen zwei Mitarbeitern Ihres Bereiches. Es geht darum, dass eine Planzeichnung mit nicht geforderten Informationen ergänzt wurde. Der eine Mitarbeiter hat sich bereits derart aufgeregt, dass seine

Stimme zum Zittern kommt. Der andere Mitarbeiter sieht das Ganze eher entspannt, da diese zusätzlichen Informationen der eigentlichen Aufgabenstellung nicht im Wege stehen.

Wichtig!

In dieser Situation sind Sie als Führungskraft kommunikativ gefordert. Sie müssen nicht nur entscheiden, sondern so geschickt argumentieren, dass beide Mitarbeiter diese Situation schlussendlich einheitlich betrachten.

10.4.3 Einfache Übungen gegen Stress am Arbeitsplatz

Es gibt eine Vielzahl von Methoden, die gegen Stress wirken und diesen schnell und effektiv abbauen. Am besten ist es sicherlich, seinen Körper im privaten Bereich zu entspannen. Sich sportlich betätigen, ein gutes Buch lesen, mit dem Hund spazieren gehen usw. Alles hilfreich! Das Problem liegt allerdings darin, dass sich Stress am Arbeitsplatz aufbaut und Sie sinnvollerweise umgehend dagegen vorgehen. Na super, werden Sie vermutlich jetzt argumentieren. Sich sportlich betätigen, ein gutes Buch lesen, mit dem Hund spazieren gehen – das alles während der Arbeitszeit? Das wird weder durch die Mitarbeiter noch vom Arbeitgeber besonders positiv betrachtet werden.

Es gibt aber auch drei einfache Übungen, die Sie, fast unbemerkt, direkt am Schreibtisch oder im Büro durchführen können. Einige werden Ihnen sicher bekannt vorkommen! Man könnte sie auch als „Hausmittel" gegen Stress bezeichnen.

Übung 1: Tief durchatmen (bei starker Anspannung!)

Diese Übung werden Sie vielleicht schon mehrmals, dann allerdings unbewusst, durchgeführt haben. Diese Übung lässt sich im Sitzen, aber auch im Stehen durchführen.

Sie sind stark angespannt! Ihr Puls rast regelrecht! Atmen Sie einfach tief und kräftig ein und schließen Sie dabei Ihre Augen. Lassen Sie Ihre Schultern hängen, lockern Sie gleichzeitig Ihren Kiefer und atmen Sie mit einem tiefen Seufzer aus. Diese Übung wiederholen Sie mehrmals, machen aber zwischen den Übungen eine immer größer werdende Pause. Sie werden spüren, wie sich Ihr Puls im Laufe der Übungen beruhigt. Zum Schluss atmen Sie erneut kräftig durch, halten aber die

Luft so lange wie möglich an, bevor Sie ausatmen. Sie werden es spüren: Ihr Puls beruhigt sich!

Eine Steigerung dieser Übung wäre, wenn das Ausatmen durch ein tiefes Gähnen begleitet wird.

Übung 2: Intensiv fluchen (bei Ärger bzw. Wut!)

Was machen Sie, wenn Ihnen privat ein Missgeschick passiert? Sie fluchen, manchmal auch sehr laut! Bereits der Volksmund sagt: „Fluchen reinigt die Seele!" Genau dies können Sie auch im Beruf umsetzen.

Stellen Sie sich an einen ruhigen Ort (nicht in der Nähe von Mitarbeitern oder Kollegen), lassen Sie den Grund Ihres Ärgers kurz Revue passieren und reagieren Sie darauf mit einem lauten Fluchen. Auch diese Übung wiederholen Sie so lange, bis sich Ihr Puls beruhigt hat.

Es ist mittlerweile wissenschaftlich bewiesen, das lautes Fluchen nicht nur eine beruhigende, sondern auch eine schmerzlindernde Wirkung erzeugt.

Übung 3: Die 4-7-8-Atemübung (Fünf Schritte zur entspannten Atmung)

Sollten alle Bemühungen nicht zum erwünschten Erfolg führen, bedienen Sie sich dieser Übung. Sie dient nicht nur der schnellen Beruhigung am Arbeitsplatz. Sie kann auch prophylaktisch, z. B. bei Flugangst vor dem Start, vor dem Beginn einer Präsentation oder abends zu Hause für ein besseres Einschlafen, eingesetzt werden. Bevor Sie mit dieser Übung starten, legen Sie Ihre Zungenspitze hinter die Schneidezähne am oberen Gaumen.

Wichtig!
Dies ist die Grundstellung und sie darf während der gesamten Übung nicht verändert werden!

Schritt 1: Atmen Sie die Luft geräuschvoll, aber langsam, an der Unterseite der am Gaumen liegenden Zunge aus, so lange bis Sie das Gefühl haben, dass sich Ihre Lungen komplett geleert haben. ***Die Zunge bleibt in Ihrer Grundstellung!***

Schritt 2: Atmen Sie jetzt ruhig durch Ihre Nase wieder ein und zählen Sie bis „4". Ihr Puls beginnt sich zu entspannen. ***Die Zunge bleibt in Ihrer Grundstellung!***

Schritt 3: Halten Sie nun die Luft an und zählen Sie bis „7“. In dieser Situation wird Ihr Körper optimal mit Sauerstoff versorgt. Sie spüren, wie sich in Ihrem Körper Verspannungen lösen und sich dadurch der gefühlte Stress abbaut. ***Die Zunge bleibt immer noch in Ihrer Grundstellung!***

Schritt 4: Atmen Sie jetzt analog zum Schritt 1 durch den leicht geöffneten Mund wieder aus, zählen Sie jetzt aber bis „8“. Die langsame Ausatmung sorgt für eine tief wirkende Entspannung. ***Die Zunge bleibt in Ihrer Grundstellung!***

Schritt 5: ***Die Zunge bleibt nicht mehr in Ihrer Grundstellung!*** Sie entspannen Mund und Zunge und machen eine kleine Pause. Wiederholen Sie dann diese Übung mehrmals. Am Anfang sollten Sie diese Übung maximal viermal durchführen. Später, wenn Sie geübt sind, können Sie die Anzahl der Übungen auf maximal achtmal erhöhen.

10.4.4 Selbsttest – Wie belastbar sind Sie?

Im folgenden Test müssen Sie eine Auswahl von Fragen beantworten, die alle mit dem täglichen Leben als Führungskraft zu tun haben. Bei den Fragen gibt es lediglich die Antwortmöglichkeiten „Ja“ und „Nein“. Analysieren Sie also die Fragen sehr gründlich und antworten Sie ehrlich! Das Ergebnis können Sie in Kapitel 10.6 erfahren.

Nr.	Frage	Ja	Nein
1	Ich schlafe zwar ohne Probleme ein, wache aber oft in der Nacht wieder auf und grübele über den vergangenen Arbeitstag.		
2	Für Familie, Freizeit und Hobbys habe ich überhaupt keine Zeit und auch keinen Antrieb mehr.		
3	Den Kontakt mit meinen Mitarbeitern meide ich mittlerweile, da mir dadurch zu viel Zeit verloren geht.		

4	Meine körperlichen Beschwerden haben gegenüber früher zugenommen. Allerdings findet mein Arzt keine Ursachen dafür.		
5	Ich schaffe es nicht mehr, nach Arbeitsschluss abzuschalten und z. B. meinem Hobby nachzugehen.		
6	Seit einiger Zeit trinke ich unverhältnismäßig viel Kaffee und immer mehr Alkohol.		
7	Ein freies Wochenende reicht nicht mehr aus, damit ich zum Wochenbeginn entspannt an den Arbeitsplatz komme.		
8	Ich schaffe es nicht mehr, konzentriert zu arbeiten. Bereits Kleinigkeiten, z. B. eingehende Mails, lenken mich ab.		
9	Auf Probleme im Job reagiere ich immer häufiger gereizt und resignierend.		
10	Ich fühle mich sprichwörtlich wie „ein Hamster im Rad". Es wächst mir alles über den Kopf.		
11	Mittlerweile habe ich einen inneren Widerstand gegen meine Arbeit. Jeden Tag muss ich diesen Widerstand neu überwinden.		
12	Ich reagiere neuerdings immer häufiger gereizt und erkenne mich nicht wieder.		
Summe der Antworten mit „Ja" und „Nein"			

10.5 KOMMUNIKATION

10.5.1 Übungen / Tipps für eine optimale Kommunikation

Wie immer im Leben gilt auch in der Kommunikation die Tatsache, dass schlechte Gewohnheiten zur Normalität werden. Man bemerkt es selbst nicht mehr, aber die

Zuhörer nehmen es umso mehr zur Kenntnis. Nachfolgend einige Tipps mit denen einige Gewohnheiten verändert werden können.

10.5.1.1 Erweiterung des Wortschatzes

Bei dieser Übung geht es darum, „liebgewonnene" Wörter nicht mehr auszusprechen. Die Übung klingt beim ersten Betrachten recht einfach, ist aber in ihrer Umsetzung durchaus schwierig.

Sie nehmen sich zuerst einen Stift zur Hand und notieren auf einem Blatt Papier fünf Wörter, die Sie häufig verwenden, z. B. machen, umsetzen, schlecht, vielsagend, produktiv. Diese fünf Wörter dürfen Sie ab sofort für eine Woche nicht mehr verwenden (**Garantiert = Das wird schwer!**). Stattdessen ersetzen Sie diese Worte durch Alternativen.

Beispiel: Anstatt „Das Projekt ist aber vielsagend" wird „Das Projekt verspricht erfolgreich zu sein" genutzt.

Für die folgende Woche nehmen Sie sich fünf neue Wörter vor.

Wenn Sie diese Übung regelmäßig durchführen, werden Sie feststellen, dass sich Ihre Sprache viel frischer entwickelt und Ihre Zuhörer weitaus intensiver zuhören.

10.5.1.2 Bewusster kommunizieren

Diese Übung soll darauf gerichtet sein, wie Ihr Gegenüber Sie wahrnimmt. Damit ist nicht nur der Inhalt der Kommunikation gemeint, sondern vielmehr Ihre Gestik und Mimik. Natürlich können Sie sich zu Hause vor den Spiegel stellen, eine Rede halten und feststellen, wie Sie sich präsentieren. Das Problem ist allerdings, dass diese Erkenntnisse nur kurzzeitig präsent und schnell wieder vergessen sind. Nutzen Sie also eine andere technische Möglichkeit: Die Aufnahme über ein Video. So können Sie die Eigenarten, an denen Sie arbeiten wollen, immer wieder aufrufen und ggf. mit neuen Aufnahmen vergleichen.

10.5.1.3 Kommunikations-Quiz

In der folgenden Tabelle finden Sie 10 Fragen mit jeweils 3 möglichen Antworten. Nur eine Antwort ist zutreffend! Notieren Sie sich die Kennziffern Ihrer Antworten (Beispiel: 1 – C) und vergleichen Sie sie mit der Auflösung in Kapitel 10.6.

Frage 1	**Was versteht man unter verbaler Kommunikation?**
Antwort A	Alle Kommunikationen, die unfreiwillig entstehen.
Antwort B	Mit Händen und Füßen antworten.
Antwort C	Einen mündlichen bzw. schriftlichen Austausch zwischen Menschen.

Frage 2	**Eine SMS schreiben wird im Allgemeinen bezeichnet als...?**
Antwort A	optische Kommunikation.
Antwort B	bewegende Kommunikation.
Antwort C	akustische Kommunikation.

Frage 3	**Was versteht man unter nonverbaler Kommunikation?**
Antwort A	Eine Kommunikationsform ohne Verben.
Antwort B	Eine nicht auf Sprache basierende Kommunikation.
Antwort C	Unfreiwillig eröffnete Gespräche.

Frage 4	**Wie kann in einem Streitgespräch die Wahrheit ermittelt werden?**
Antwort A	Recht hat die Person, die das Gespräch eröffnet hat.
Antwort B	Recht hat die Person, die geantwortet hat.
Antwort C	Bei einem Streitgespräch gibt es keine Wahrheit, nur unterschiedliche Ansichten.

Frage 5	**Was hat ein Eisberg mit Kommunikation zu tun?**
Antwort A	Ein Großteil der Kommunikation spielt sich unter der Oberfläche ab.
Antwort B	Gesprächspartner kommunizieren grundsätzlich oberflächlich.

Antwort C	Die Kommunikation verläuft kalt.

Frage 6	**Innerhalb einer Kommunikation gehen Ihnen häufig die Worte aus. Was kann helfen?**
Antwort A	Sie bleiben ruhig.
Antwort B	Sie stellen offene Fragen.
Antwort C	Sie verwenden schwer nachvollziehbare Argumente.

Frage 7	**Sie bemerken, dass sich ein Konflikt anbahnt. Wie gehen Sie vor?**
Antwort A	Sie nehmen den Konflikt ernst und sprechen ihn an.
Antwort B	Sie bleiben ruhig und hoffen, dass sich der Konflikt von selbst klärt.
Antwort C	Sie unterstützen gezielt einen Konfliktpartner.

Frage 8	**Wie würde eine Person mit einem Appell-Ohr auf folgende Aussage reagieren? „Es ist in diesem Raum recht kühl!“**
Antwort A	„Stimmt! Auch mir ist zu kühl!“
Antwort B	„Ihnen kann man es aber auch nie recht machen!“
Antwort C	„Ich schließe sofort das Fenster!“

Frage 9	**Ihr Mitarbeiter soll das Ziel seiner Arbeit präsentieren. Er ist sehr nervös! Was würden Sie ihm raten?**
Antwort A	Sie kommen da schon durch.
Antwort B	Bleiben Sie aufrecht stehen, sprechen Sie ruhig und bedacht.
Antwort C	Na los. Jeder muss da mal durch.

Frage 10	**Welche Arten der Kommunikation gibt es?**
Antwort A	Visuell, Nonverbal, Verbal, Schriftlich.
Antwort B	Verbal, Visuell, Musik, Schweigen.
Antwort C	Schweigend, Pöbeln, Mimik, Gestik.

10.6 AUFLÖSUNGEN DER ÜBUNGEN

10.6.1 Ergebnis Selbsttest aus Kapitel 10.1.1

Bei mehr als 12 Fragen mit „Ja" = Sie sind durchaus als Führungskraft geeignet, sollten sich aber mit den „Nein"-Antworten noch intensiv auseinandersetzen.

Bei bis zu 8 Antworten mit „Nein" = Sie sollten die Aufgabe als Führungskraft zurzeit nicht antreten, stattdessen an sich arbeiten und ggf. Hilfe bei einem Personal-Coach suchen.

10.6.2 Auflösung der Übung aus Kapitel 10.2.1.3

1 D	2 D	3 A	4 B	5 D	6 A	7 B	8 A	9 D	10 B
11 C	12 A	13 D	14 A	15 A	16 D	17 B	18 D	19 C	20 A

10.6.3 Auflösung der Übung aus Kapitel 10.4.4

> 0-2 < Antworten mit Ja

Sie sind zwar gelegentlich beansprucht, erholen sich aber schnell wieder. Sie sind nicht stressbelastet.

> 3-4 < Antworten mit Ja

Es liegen bei Ihnen die ersten Anzeichen einer Erschöpfung durch Stress vor. Sie reagieren bereits gereizt. Sie sollten schnellstens etwas für Ihr psychisches Wohlbefinden tun.

> 5-6 < Antworten mit Ja

Der Stress wächst Ihnen bereits über den Kopf. Ihr Engagement und Wohlbefinden befinden sich stark auf Talfahrt. Sie sollten umgehend Angebote, z. B. ein Fitnessstudio, nutzen, um Ihr Wohlbefinden zu verbessern.

> 7-12 < Antworten mit Ja

Ihre Gesundheit ist in Gefahr. Sie sind schon längerfristig Stress ausgesetzt, haben dies aber bisher, um Ihren Job positiv auszuführen, ausgehalten. Sie stehen aber bereits vor großen körperlichen Problemen. Ein Burnout steht kurz bevor. Es ist daher anzuraten, umgehend in eine psychologische bzw. ärztliche Behandlung einzutreten.

10.6.4 Auflösung der Übung aus Kapitel 10.5.1.3

1 C	2 A	3 B	4 C	5 A
6 B	7 A	8 C	9 B	10 A

Bei 8-10 richtigen Antworten =

Sie sind als Führungskraft ein Meister der konstruktiven Kommunikation.

Bei 5-7 richtigen Antworten =

Sie sollten die Form Ihrer Kommunikation noch einmal überarbeiten und verbessern.

Bei 0-4 richtigen Antworten =

Sie sollten sich generell noch einmal mit dem Thema Kommunikation beschäftigen. Es gibt erheblichen Nachholbedarf.

11. Quellenverzeichnis

- https://www.bwl-lexikon.de
- https://www.business-wissen.de
- https://www.karriereakademie.de
- https://www.cq-bildung.de
- Eigene Kenntnisse
- Eigene Grafiken

Wir danken Ihnen für Ihr Interesse und Ihr Vertrauen. Als Dankeschön dafür, haben wir eine besondere Überraschung. Wir haben eine **30-Tage-Challenge, um eine hervorragende Führungskraft zu werden** für Sie. Und dieses erhalten Sie vollkommen kostenlos. Das klingt wunderbar? Dann warten Sie nicht lange und holen Sie sich Ihr Gratis-Geschenk.

Hier geht es zu Ihrem Gratis-Geschenk:

https://forms.gle/vXYc8SiA4PtR1mnBA

1. **Öffnen Sie die Kamera-App auf Ihrem Smartphone und richten Sie die Kamera auf den QR-Code.**
2. **Klicken Sie auf den Link, der Ihnen angezeigt wird und schon werden Sie zur Website weitergeleitet.**

Impressum

Herausgeber: Pegoa Global Media GmbH / Am Sandtorkai 27 / 20457 Hamburg
Kontakt: kontakt@pegoamedia.de
Coverbild: Shutterstock

Haftungsausschluss:
Die Nutzung dieses Buches und die Umsetzung der enthaltenen Informationen, Anleitungen und Strategien erfolgt auf eigenes Risiko. Der Autor kann für etwaige Schäden jeglicher Art aus keinem Rechtsgrund eine Haftung übernehmen. Haftungsansprüche gegen den Autor für Schäden materieller oder ideeller Art, die durch die Nutzung oder Nichtnutzung der Informationen bzw. durch die Nutzung fehlerhafter und/oder unvollständiger Informationen verursacht wurden, sind grundsätzlich ausgeschlossen. Rechts- und Schadenersatzansprüche sind daher ausgeschlossen. Dieses Werk wurde sorgfältig erarbeitet und niedergeschrieben. Der Autor übernimmt jedoch keinerlei Gewähr für die Aktualität, Vollständigkeit und Qualität der Informationen. Druckfehler und Falschinformationen können nicht vollständig ausgeschlossen werden. Es kann keine juristische Verantwortung sowie Haftung in irgendeiner Form für fehlerhafte Angaben vom Autor übernommen werden. Die bereitgestellten Analysen, Vorschläge, Ideen, Meinungen, Kommentare und Texte sind ausschließlich zur Information bestimmt und können ein individuelles Beratungsgespräch nicht ersetzen. Alle Informationen dieses Buches entsprechen dem Kenntnisstand zum Zeitpunkt des Verfassens dieses Buches. Eine Haftung für mittelbare und unmittelbare Folgen aus den Informationen dieses Buches ist somit ausgeschlossen.
Informieren Sie sich weitläufig aus unterschiedlichen Quellen und bedenken Sie, dass am Ende nur Sie für die Entscheidungen verantwortlich sind.

Haftung für externe Links:
Unser Angebot enthält Links zu externen Websites Dritter, auf deren Inhalte wir keinen Einfluss haben. Deshalb können wir für diese fremden Inhalte auch keine Gewähr übernehmen. Für die Inhalte der verlinkten Seiten ist stets der jeweilige Anbieter oder Betreiber der Seiten verantwortlich. Die verlinkten Seiten wurden zum Zeitpunkt der Verlinkung auf mögliche Rechtsverstöße überprüft. Rechtswidrige Inhalte waren zum Zeit-punkt der Verlinkung nicht erkennbar.

WirmachenDruck.de
Sie sparen, wir drucken!